輕鬆成為烹調高手

馬達　甚麼值得吃　著

從入門到進階，
中餐、西餐、日式與甜品，
第一次就學會。

編者的話

● 我們是誰

馬達（原名龍泉），知名博主，美食撰稿人，「甚麼值得吃」創始人。在德國留學期間，馬達開始在豆瓣、博客大巴等平台撰寫美食垂直領域的高質量文章。其美食文章超過 10 次被豆瓣首頁置頂推薦，微博粉絲數量超過 70 萬。馬達曾多次參加「天貓」、「新世相」等廣告項目拍攝，在蔡康永主持的《男子甜點俱樂部》中擔任評審嘉賓，被米其林官方邀請見證城市美味。

這本書的創意與執行，都離不開馬達的推動。

「甚麼值得吃」是馬達創立於 2014 年夏天的美食公眾號，以測評北京餐廳起家，現已發展成為一家內容和形式多元化、載體多樣化的頭部美食媒體，全網粉絲數量超過 200 萬，是國內美食領域 Top 3 的自媒體（清博、新榜排名）。

另外，我們的專業團隊：藍帶畢業、料理和甜點兼修的主編肇天池，清華大學畢業、輾轉各地研究食材與廚藝的資深編輯 maoz，藍帶料理班出身的美食編輯原媛，專業攝影師王歡也為這本書的出版做出了不少貢獻。我們的特約料理人 lulututu、彌張、freeze 靜，用豐富的烹飪經驗，為這本書中的部分食譜提供了寶貴的獨家做法。同時也要感謝插畫師阿睿、AoWu_ 嗷嗚、Ricky，他們的插畫讓這本書更加豐富。感謝雲階提供的部分圖片。

● 這是一本特別的食譜書

與其說這是一本食譜書，不如說是工具書。我們的初衷並非簡單丟給你一些食譜讓你自己揣摩，而是通過它的邏輯性、實用性、系統性，讓你從新手小白一躍成為有自信和能力在廚房「指點江山」的人。

國內市場不乏食譜書，以量取勝的也有，用熱門話題做切入點的也很多，但大家似乎都忽略了使用這些書之前的一個必要條件：有一定烹飪基礎。所以，雖然市面上的食譜書籍很多，但缺少結合「應有盡有的食譜實踐」與「事無巨細的下廚小事」、類似教科書的這麼一本書。

在這本書裏，你能看到入門級的家常菜，也能習得進階的西式「大餐」。

比如，番茄炒蛋聽起來簡單，但做起來因人而異，往往是細節決定成敗；海鮮飯看起來煩瑣，但只要掌握烹飪流程，就能做得很好吃。萬變不離其宗，每道菜都有它的「美味秘訣」。本書將教你透過現象看本質，解鎖每道菜的美味密碼。

「食譜」和「知識」是本書的兩大主題，二者各自延伸又互為指引。「食譜」部分以 30 道主要食譜為起點，每道食譜除了烹飪指南，還有對相關食材與知識的解惑，更有脫離主要食譜而附加的衍生食譜（如從麻婆豆腐衍生到各種豆腐料理），供你發散思維、累積實戰。「知識」部分有零有整，「整塊」的是第一章的術語篇、廚具篇、刀法篇、調料篇和烘焙篇；「零散」的是融在每道食譜中的，獨立又極其實用的知識技巧。

我們用心做的這本書，既有讓你產生下廚慾望的精美圖片，也有讓你想跟着做的食譜範本，還有能讓你讀得懂、記得住的純「乾貨」經驗。食譜內容從入門到進階，既能滿足你的中餐胃，又能捕獲你愛吃西餐、日料與甜點的心，且適用於從一人食到與良朋共聚等多個場景，在你每一個下廚的日子都能派上用場。

● 為甚麼要寫這本書

既然大家在新媒體上能獲得那麼多資訊，為甚麼還要專門寫一本書？

正因為通過新媒體傳播的知識太多，我們才更需要紙質書。這些分散的、不定時的訊息流，在充實人們碎片化時間的同時，也在將人們的時間割成碎片。無論哪一個學科，都需要將知識落實在一個可以持續給人啟發的媒介上：紙質書，能供人反復查閱、快速學習的渠道。

書的一個好處（新媒體往往不具備的）就是讓相關知識形成一個體系。在手機上瀏覽網絡訊息，可能經常被「熱點」帶跑。其中的很多訊息曇花一現不說，更重要的是你很難真的讓知識「變現」。今天學一項刀法技能，明天看一個做菜視頻……由於這些知識都沒有在腦中「串成串兒」，新的東西進來，很容易就被吹散。這本書的優勢，是在你想烹飪番茄時，不僅能找到關於這個食材的食譜，還能在「刀法篇」裏找到它的切分方式，也能在補充知識裏看到各種罐裝番茄的區分。順着看下來，也就能基本掌握這個食材了。

● 寫給「初學者」

籌備這本書時，我們從彼此身上學到了很多有趣的知識，也在撰寫和反復檢查時發現了容易被忽略的常識。在這本書裏，這些被加重的細節你都可以看得到。

之所以將這本書定位為「給初學者的書」，有點「洗盡鉛華」的意思。相比華而不實、炫技的廚房技巧，我們只會保證：書裏的所有關於下廚的知識，你都學得會，且用得上。

從進入一個領域，到成為一名大師，中間是無數次的試練和漫長的時間。哪怕只面對一個食材或是一道菜，一個人的認知也達不到真正的天花

板，你習得的技巧只會與日俱增。所以，從某種程度上來說，你我其實都是初學者。

對初學者來說，最重要的，是步履不停地求知和樸素而原始的熱愛。

最後，我們想以自己的經驗，給你 3 點建議：

1.「適量」、「一小撮」、「少許」……只有你自己能定義

寫這本書時，我們儘量規避了看似模糊的量詞，給出了我們烹飪時所用的大致計量。但是，等成為一名進階下廚者，你就會忽略書本上鹽、辣椒粉、黑胡椒的克數。除了每款調味料的個體差異，每個人的口味偏好也不一樣。所以，同樣的菜只要多做幾次，你就會懂得如何調味。

另外，書裏的 1 茶匙（家裏的茶匙）約等於 5 毫升，1 湯匙（湯匙）約等於 15 毫升。

2. 學會適度「放任」

每道菜都是下廚者和時間共同完成的作品。除了急火爆炒時要儘量縮短時間，更重要的是要在做咖喱、紅燒肉、排骨湯的時候，給它們充裕的時間。不要總是掀開鍋蓋看，定好鬧鐘，過了十幾二十分鐘再來看食物的狀態。食物放到鍋裏以後，大部分工作，就是火喉和時間的了。

3. 享受食物最好吃的時刻

合乎自己的胃口、家常、新鮮製作，就是組成「好吃的食物」的元素。參與從購買食材到料理出菜的整個過程，你會和食物產生特殊而緊密的聯繫，會獲得獨一無二的體驗。「好吃」有時是一種比較私人的體驗，拋去流派和「正統」，自己愛吃才是最重要的。而這本書的目的，就是給你靈活調味的力度。

目錄

8

第三章 不去餐廳，
週末照樣吃得好

第四章
——讓人忍不住「哇」出來的宴客菜

第五章　新手做甜品，
也能 100% 成功

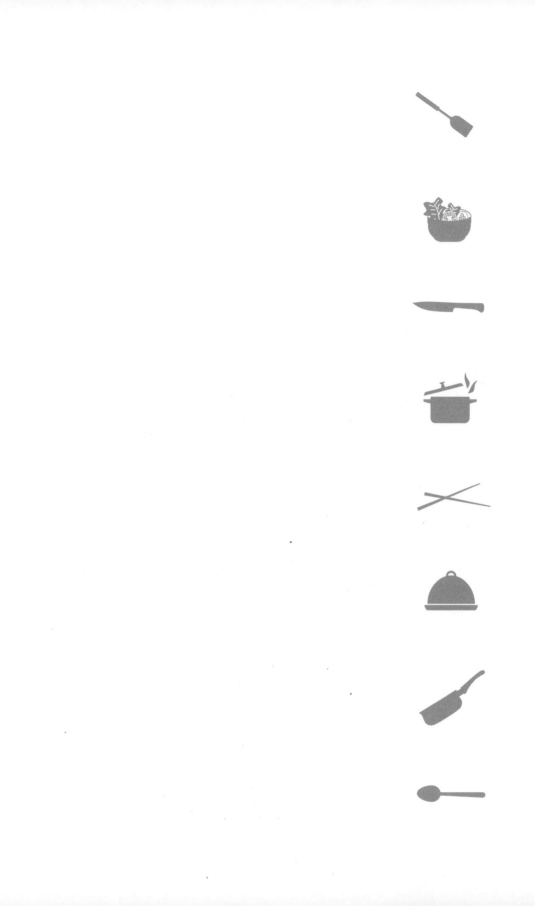

第 一 章

//

進入廚房前

你需要知道的幾件事

//

新手知識一

術語篇

下廚前查閱食譜時，總能看到一些約定俗成的「術語」，比如，「油溫六成熱」、「收汁至濃稠」等。這些語句到底是甚麼意思？本篇力圖在你開始烹飪前，讓你能瞭解這些術語的基本含義。

水量

第二章第 2 節「糖醋排骨」中加水沒過排骨

水量的控制是根據鍋中食物的量來衡量的，有「加少量水」、「沒過食材」、「加足量水」這樣的表述。加少量水用於易熟的食物，加水是為了保持食物有一定濕度、避免糊鍋，並通過水的熱傳導加速烹飪進程。沒過食材、加足量水則用於燉肉。

火喉

第二章第 6 節「蘿蔔燉羊肉」中小火慢燉

　　火喉分為「大火」、「中火」、「小火」，這直接
影響烹飪時加熱的進度。大火用於加速湯汁和水沸騰，
以及快速爆炒（尤其是青菜，要避免烹飪過久變黃）；
小火用於長時間慢煮；中火介於兩者之間。判斷大中小
火，除了通過刻度調整，還可以直接觀察火焰。大火會
蔓延到鍋的邊緣，小火保持在鍋的中央小圈內。

油溫

第二章第 11 節「酥炸蘑菇」中初炸蘑菇

　　油溫多指炸食物時的溫度，一般的說法有五六成
熱、七八成熱，分別用於初炸、複炸。初炸用來炸熟，
複炸用於讓食物上色且更酥脆。五六成熱時，油溫在

150℃～160℃，食物放到鍋裏後會先沉下去幾秒再浮上來；七八成熱時油溫在 180℃～200℃，食物放入不會下沉，複炸幾秒就要儘快取出。

　　新手往往害怕油炸，怕油從鍋中濺出傷到自己。但其實只有在油直接接觸到水分高的東西的時候才會有濺油的危險，比如油炸青菜（炒青菜也是一個道理），但大部分炸物都是裹漿或裹乾料之後再炸，只要確保麵糊的稠度合適，能完全包裹住食材，基本不會有危險。另外需要注意的是，在超市購買的冷凍類油炸半成品，反而比新鮮的食材更危險，因為在運輸過程中可能會出現解凍後再冷凍的情況，導致食材的表面形成小冰塊，下鍋後，油可能會濺出來，比較危險。

焯水

第二章第 11 節「酥炸蘑菇」中焯水逼出蘑菇水分

　　焯水又稱「飛水」，是食材預處理的主要方式之一。蔬菜、菌類、豆類和肉類食材都適用於焯水。葉類青菜焯水後會更青翠，苦瓜可以去澀，北豆腐焯水可以去豆腥味，肉類可去血污。蔬菜在沸水中焯水，可達到全熟或斷生的狀態，然後就可以再直接涼拌或是進一步加工。焯水後的食材應過涼水或暫時存放在冰水裏，將加熱過程停止，避免加熱過度。肉類應冷水下鍋慢煮焯水，避免蛋白質凝固。

收汁

第二章第 12 節「油燜大蝦」中最後一步的收汁

　　如何判斷「收汁至濃稠」？燉煮的時候用小火，是為肉能充分燉至軟爛；收尾時以大火收汁，是鎖住味道，並將不必要的水分蒸發掉，讓成色更好。判斷湯汁達到理想狀態的方法是：輕輕擺動炒鍋，湯汁能緊緊地跟着肉流動。也可時而將鍋離火，讓表面的泡泡消掉，肉眼判斷湯汁濃縮的程度。

醃製

第二章第 8 節「宮保雞丁」中抓勻醃製雞丁

　　醃製是對食材風味的預調理，醃製的調料可根據菜餚口味調整。加料以後要抓勻靜置一段時間，像雞翅、蝦仁這樣容易入味的食材，醃製 5~10 分鐘即可，排骨、雞腿等肉類大概需要醃製半小時，也可在食材上切開小口便於入味。

上勁

第二章第 10 節「青菜丸子湯」中給豬肉餡上勁

　　製作肉餡和肉丸時，都有一個「上勁」的步驟，以求讓食材起黏性，更鮮嫩多汁。操作方法是沿着一個方向（順時針或逆時針）持續攪拌，攪拌過程中如果肉太乾可加少量水，直到肉餡起了黏性、感覺攪拌起來有了阻力即可。

勾水芡

第二章第 4 節「麻婆豆腐」中添加芡汁

　　説到勾水芡，和調水生粉（芡汁）分不開。水生粉就是 1 份的生粉加 3~4 份的水，混合均勻成清糊狀，加入菜中，能為成菜增加稠度。

烘焗

第三章第 3 節「焗豬肋排」中給排骨翻面重新刷醬

　　食物送入焗爐前，要先預熱好焗爐。焗蔬菜和肉類時，儘量都放在錫紙上，減少清理焗盤的麻煩。另要注意錫紙的亞光面用於接觸食物。

新手知識二

廚具篇

廚具，指烹飪中會用到的工具、鍋具，本篇分而述之。

對做菜頻率較低的新手來説，廚房工具必需少之又少，一般只備廚刀、砧板、鍋鏟即可（烘焙工具將在《烘焙篇》介紹）。

關於工具

（1）廚刀和砧板

廚刀大體上可以分為中式、西式、日式三類。西式廚刀分工明確，各司其職，有條有理；中式廚刀物美價廉，一把菜刀加一把砍骨刀，就能萬用；日式廚刀鋒利異常，切面利落。對新手來説，重要的是自己用着趁手，入門階段用一把菜刀或是西式主廚刀足矣。

其實，與其花費精力選刀，不如花時間養護。就算花上萬元買了一把頂級的德國或者日本刀，使用幾個月之後還是會有卷刃和變鈍的情況。所以平時用刀時要注意使用方法，遵循説明書上的注意事項，儘量做到「不毀刀」。

好廚配好刀，更需要磨刀。對於大部分的中低檔廚刀，我們可以自備一根磨刀棒，在家養成隨手磨兩下的好習慣，能大大延緩變鈍的速度。而對於高檔廚刀，建議直接找專業人士保養。一把磨過的便宜刀，效果好過許久不磨的高價刀。

磨刀有一個例外，就是陶瓷刀。陶瓷刀鋒利好用，切蔬菜水果很順手，外觀也好看，但陶瓷刀材質脆，是不能磨的，也不適合處理魚、肉類食材。

簡單的磨刀方式：刀和磨刀棒呈 30 度 ～ 45 度角，從刀末端開始，向刀的尖端（同時也是磨刀棒的頂端）畫弧線推出去。磨另一邊刀刃同理。

　　至於選購砧板，我們總是容易根據過去的經驗，去買方形的竹木板或者圓形的實木版，但其實塑料板、矽膠板、不銹鋼板等也很好用。竹板或木板在長期使用後難免會有細菌殘留，表面也會帶上劃痕，而塑料板和金屬板就沒有那麼多困擾，還可直接扔進洗碗機消毒，比傳統菜板更方便。

（2）鍋鏟和 V 形夾

　　真正的中餐大師傅炒菜時用的都是馬匙，但對新手來説，馬匙太難掌控，還容易把食材黏在匙子裏面倒不出來，所以鍋鏟（如圖）更為方便。鍋鏟的選擇比較自由，如果你的鍋對鍋鏟沒有限制就可以買不銹鋼鏟，如果是易潔鍋就買木鏟。木鏟的缺點在於木頭會吸收食物的顏色和味道，但價格不貴，可以經常更換。矽膠鏟對於大多數人來説比較陌生，更適合做甜點。

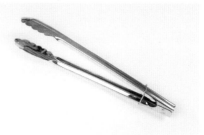

　　在西餐料理中，V 形夾子（如圖）易上手。無論是煎牛排、煮意大利粉，還是扒蔬菜，這種夾子都能精確地夾取食物，進行翻面或夾出。

對新手來說，鍋是甚麼牌子不重要，重要的是拿來做甚麼。

經常有人問：甚麼牌子的鍋比較好？聽說廚房裏要有一個煎鍋、一個炒鍋、一個燉鍋、一個煮鍋，在哪裏能買到一套？這種問法其實從根本上就錯了，因為挑選甚麼樣的鍋，完全取決於你喜歡做甚麼類型的菜。喜歡大排擋裏那種大火爆炒的快感，那麼你需要的是傳統中式大鐵鍋；如果只是炒家常菜的話，易潔鍋對新手來說更適合；如果幾乎天天煲湯，砂鍋是必備；但若只是偶爾想喝個粟米排骨湯，隨便一款湯鍋，甚至電壓力鍋，都可以。就算單純要「煎」東西，也要分西餐煎牛排和中餐煎豆腐兩種方式，前者需要高溫快速鎖住水分，鑄鐵煎鍋最適合；後者需要耐心等待表面變脆，易潔煎鍋更安全。

所以選擇鍋的時候，並不是在網上看到所謂的「網紅款」，就買個日本南部鐵器或者德國的鑽石鍋。請仔細分析自己的料理喜好和烹飪經驗，由此決定自己需要甚麼功能的鍋，再考慮品牌。與其花金錢買一個並不常用的鍋（不會養護還會導致損壞），不如先從價格中等的開始，慢慢摸索，看自己究竟喜歡甚麼樣的鍋。

所以，對新手來說，有一口炒鍋（或有一定深度的平底易潔煎鍋）、一口帶蓋子的燉鍋就能滿足製作中餐和基礎異國料理的需求。如果真的喜歡煮麵或是蒸東西吃，不妨再加一個小點兒的煮鍋和一口蒸鍋。

當然，除此之外，你還可以選擇更多適合自己的鍋。至於怎麼選，可以從這 5 個角度考量。

① **導熱與保溫**：導熱與保溫會直接影響食物的質量。一般來說，導熱性好的鍋對溫度較為敏感，開火後，鍋很快就會熱起來，炒菜過程中調整火力大小也能很快導熱到鍋內；而導熱性差的鍋，就算鍋底下開到大火，也要很久才能導

熱成功（所以沒有人做玻璃炒鍋，因為導熱性太差）。保溫性能好的鍋不容易散熱，食物在鍋內可以更均勻地受熱；但缺點是如果食物煮過頭，就算馬上關火，食物在鍋裏也會繼續被加熱，容易焦糊。

② **易潔性能**：對於新手來説，易潔性能非常重要。易潔鍋不僅可以在煎魚、煎豆腐時保持表皮完整，在炒菜時防止食材黏在鍋底糊掉也是一大優點。

③ **使用過程**：鍋的重量是否合適？可不可以空燒？對鍋鏟有沒有限制？都是新手挑鍋時很容易忽略的問題。

④ **清洗過程**：如何清洗，清洗起來麻煩不麻煩？

⑤ **養護過程**：需不需要養護，頻率多高？

跟隨這種思路，我們再來聊聊常見的 6 款鍋的性能對比。

（1）不銹鋼鍋

導熱與保溫：導熱性較差；保溫性與鍋的厚度有關，一般來説保溫效果中等。

易潔性能：容易黏。

使用過程：幾乎沒有限制，可以空燒，也不挑鍋鏟。

清洗過程：幾乎沒有限制，糊鍋可以用鋼絲球刷，也不會生銹。

養護過程：不需要養護。

不銹鋼鍋使用起來非常簡單，沒有甚麼注意事項。缺點是會黏鍋且不好導熱；好處是可以刷得很乾淨，也可以直接塞進洗碗機。

對於新手，不推薦不銹鋼炒鍋，但不銹鋼湯鍋或者不銹鋼奶鍋都是可以考慮的。另外，如果經常油炸食品，備一個耐炸的不銹鋼鍋也很有必要。

（2）易潔鍋

導熱與保溫：導熱與保溫都與鍋體的材質、厚度有關，一般來説屬中等水平。

易潔性能：極高，新手可以放心使用。

使用過程：不能空燒，不能驟冷驟熱，需配合使用木鏟或矽膠鏟。

清洗過程：要等完全冷卻後再洗。糊鍋後不能用鋼絲球刷。

養護過程：不需要養護，但塗層不耐碰撞。

　　過去，易潔煎鍋的塗層只有特富龍一種，不利於人體健康。近些年出現了很多新類型，如陶瓷塗層、華福塗層，甚至還有所謂的鑽石塗層，新技術的出現已經讓易潔煎鍋變得非常安全。辨別易潔煎鍋很簡單：將少量油倒入鍋內，易潔煎鍋內的油會像荷葉上的露珠一樣聚集成團，而其他鍋內的油會形成薄薄的一層。正是這種特性使得它能不黏食物，但同時也因為油層分佈不均勻，炒菜時的風味會受到一些影響。

　　易潔煎鍋幾乎是新手必備的鍋，因為當你還不能熟練掌握溫度和時間的時候，易潔煎鍋可以讓你少犯錯。但其缺點就在於鍋內的塗層需要小心對待，不管是硬物劃傷還是高溫燒壞，只要塗層有損傷，易潔性能就會大大下降。

　　用易潔煎鍋煎東西，倒入的油相對較少，比較分散，不利於均勻受熱，建議煎東西時可將鍋輕微搖晃，使其受熱均勻。

（3）**不帶琺瑯層的鑄鐵鍋：中式鐵鍋**

導熱與保溫：導熱性中等，保溫性較好。

易潔性能：新鍋容易黏，但養護一兩年後就會變得不黏，並且越用越好。

使用過程：沒有甚麼限制，但鍋比較沉，不適合臂力弱的女生。

清洗過程：做完菜後需要儘快清洗，否則會生銹，可以用鋼絲球刷。

養護過程：清洗之後用火燒乾，並塗一層油，每週至少一次。

　　鑄鐵鍋和中式鐵鍋（指有一定厚度的鍋，不推薦太輕薄的鐵鍋，會變形）對於有一定烹飪經驗的人來説是非常好用的鍋。但對於新手來説，需要有一定的耐心去實踐。

　　另外，並不是説保溫性能好就可以讓食物長時間在鍋裏燉煮，水分變少的情況下鑄鐵鍋也很容易糊鍋。

（4）帶琺瑯層的鑄鐵鍋：搪瓷鍋

導熱與保溫：導熱性中等，保溫性較好。

易潔性能：中等，炒肉類會黏。

使用過程：不能空燒，不耐磕碰，較沉。

清洗過程：不能用鋼絲球清洗，但也不會生銹。

養護過程：不需要養護，注意不要磕碰。

　　帶琺瑯的鑄鐵鍋除了擁有上述鑄鐵鍋的種種不便，還容易黏鍋。其實在上一段也可看到，鑄鐵鍋並非一無是處，因為其卓越的保溫和密封性能，鑄鐵鍋能保留更多食物的本味，達到完美的口感。然而，不推薦新手購買鑄鐵鍋，因為對於大部分家庭廚師來説，評價一口鍋除了烹飪功能，還包括使用、清洗和養護過程的難易度。再好的鍋，如果使用起來有諸多限制，其適用性也要打個折扣，何況對新手來説最重要的是安全、穩定、有一定的容錯率。其他材質的鍋也是一樣。

（5）鋁鍋

導熱與保溫：導熱性好；保溫性與
鍋的厚度有關，一般屬中等水平。
易潔性能：中等。
使用過程：無限制。
清洗過程：無限制。
養護過程：不需要養護。

　　鋁鍋並不常見，但網紅款日式雪平鍋你肯定見過。傳統的雪平
鍋是鋁做的，又小又輕，加熱很快，可以用來煮麵，但不適合炒菜。
　　另外，在西餐廳的後廚經常可以看到小號的鋁製煎鍋，因為加
熱快，刷洗方便，價格低廉，所以頗受西廚歡迎。如果你很喜歡做
西餐，可以備一個這樣的鍋，用來煎雞胸、煮醬汁。

（6）銅鍋

導熱與保溫：導熱性極好，保溫性較好。
易潔性能：中等。
使用過程：不耐高溫，不能空燒。
清洗過程：冷卻後再洗，不能用鋼絲球。
養護過程：較麻煩，要經常擦拭拋光；如果表面錫塗層磨損，要送
到專業機構修補。

　　銅鍋在西廚中經常用於製作甜點，因為糖漿、朱古力的熬製需
要精確控溫，用銅鍋最佳。但銅鍋價格貴，養護成本也高。

新手知識三

刀法篇

在本篇裏，我們將介紹新手常用的 16 種基礎刀法。按照目的的不同，將其分為成形、處理特殊食材、花刀 3 個部分。

成形

（1）切片（以馬鈴薯為例）

先把食材削皮、洗淨；

如果食材不平整，就在接觸砧板的部位切下一小片；

左手四指按壓食材，指尖往回收避免切到手，右手將食材均勻切片。

（2）切肉片

切肉片時，要找准肉的紋理，「有橫切牛羊豎切豬，雞肉最好用斜刀」的經驗之談。從雪櫃拿出來，半解凍狀態的肉更好切一些。還可以在切片的基礎上切小條。

（3）切塊（以紫薯為例）

食材去皮洗淨後，先橫切成兩半，再將每一半切開，再切塊。

（4）切段、切圈（以蒜薑、辣椒為例）

將食材去掉頭尾，再沿着食材，按照同樣長度切段；
切辣椒時候同理，沿着食材切。

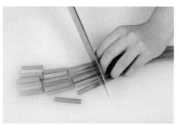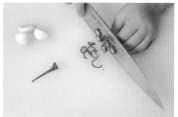

（5）切瓣、切角（以番茄、馬鈴薯為例）

番茄豎切成兩半，然後切瓣；
去掉番茄蒂再烹飪；
馬鈴薯豎切成兩半，然後再對半切。

（6）切絲（以青椒為例）

先把食材去籽，橫切去掉白色經絡；
食材切成片狀後，再切絲。

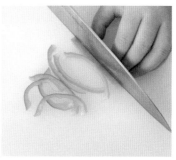

（7）切丁（以豆腐為例）

將豆腐放在砧板上，先橫切一刀；
然後按照豎條紋路切開，再切丁。

（8）切滾刀塊（以紅蘿蔔為例）

先斜切一刀，切下一塊；

然後翻轉紅蘿蔔，從另一個方向切下一塊；

以此類推。

（9）剁餡

先將肉塊上的皮去掉；

然後將肉切成小塊；

再反復剁碎。

處理特殊食材

（1）拍蒜

蒜放在砧板上，不用去皮，用刀側面拍下去；
拍好的蒜更易於剝皮。

（2）切香草碎

將香草葉從根莖上摘下；
像剁肉餡一樣切碎即可。

（3）切洋蔥末

洋蔥剝皮後對半切開，橫着切幾刀，不切斷；
再豎着劃開幾刀；
此時再切，可直接獲得洋蔥碎。

(4) **焗雞的切法**

先切去雞頭部位，要使用剁骨刀切；

再切去翅尖；

雞爪部分可以擰掉（也可不擰）；

切去雞屁股；

掏空內臟並用流水沖洗乾淨，即可開始焗雞。

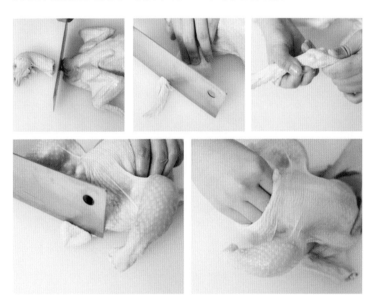

花
刀

(1) **切茄子（做茄盒）**

茄子洗淨後，先切一刀下去，但不切斷；

再相隔同樣的距離，切斷成塊，形成夾形。

（2）切風琴馬鈴薯

在馬鈴薯下放一雙筷子，便於不切斷馬鈴薯，每一刀之
間的間隔不用過大，因為在焗製過程中會收縮。

（3）切檸檬花刀

準備一把小刀，從檸檬的「腰部」紮到中間部位；

以持續不斷的 V 形刀切一圈；

對半掰開即可。

新手知識四

調料篇

調料能為菜餚增添風味，是廚房必備物品。按照類別，可以分為基礎調味料、香辛料、補足調味料、常見香草，新手需求度依次遞減。

基礎調味料

基礎調料有油、醬油、醋、糖、酒，各自都有不同的類別，下面逐一區分進行講解。

（1）油

油的種類主要跟原料有關。中餐中常見的油有粟米油、大豆油、菜籽油等，還有色拉油、調和油等調配而成的複合油，這些油在使用過程中幾乎沒有區別，也沒有特殊的味道，可根據喜好選擇。

花生油

有些地區的人特別喜歡花生油，因為其有特殊的香氣。

芝麻油（香油）

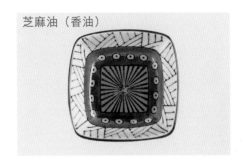

　　芝麻油也叫香油，有明顯的芝麻香味。上面提到的油一般都要加熱後才能食用，而芝麻油在常溫下就可以直接食用，所以一般用於涼拌菜，或者在湯裏滴上幾滴增香。芝麻油也可以用來炒菜，但在國內不常見，國外的「中餐」中經常用到。

橄欖油

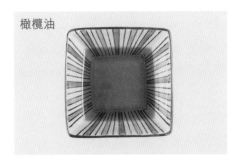

　　橄欖油也有特殊的香味，外表呈鮮豔的黃綠色。在西餐中，橄欖油很常見，無論是灑在沙律上，還是炒意大利粉醬汁，都會用到橄欖油。橄欖油的煙點比較低，在炒菜時需注意，溫度過高易冒煙。

豬油

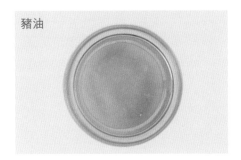

　　豬油是從豬的肥肉中提取的脂肪，肉香味濃，所以在炒素菜時放一點豬油會特別香。但吃太多豬油對健康有害，需要控制用量。

（2）醬油（豉油）

　　醬油是我國傳統調味品，是由黃豆、小麥和鹽水發酵而成的製品。現在市面上常見的醬油分成生抽、老抽兩種，除此之外，還有豉油、味極鮮、壽司醬油等種類，要怎麼挑選呢？

　　我們先從生抽、老抽的區別開始。生抽、老抽是釀造過程中不同時間段的產物。從味道和顏色上來講，生抽鹽味重、顏色淡，老抽鹽味輕、顏色深。日常炒菜時生抽用途更多，老抽一般在紅燒肉、鹵汁中起到上色增鮮的作用，或者跟生抽成比例搭配使用。對於新手來說，生抽用途最廣，是廚房必備的調味料。在有些地方不分生抽、老抽，只有「醬油」一種叫法，這種醬油一般更像生抽。

　　生抽、老抽有不同的質量等級，所以在名字前還有特級、金標、招牌等標記，價格也有所區別。

　　除了生抽、老抽，其他的豉油、味極鮮等醬油製品都可以看作是用生抽、老抽調配出來的，比如豉油是口感上鹽味更淡、甜味較重的醬油，味極鮮則是在醬油的基礎上添加味精突出鮮味。

　　日本醬油與中國醬油不太一樣，有白醬油、淡口醬油、濃口醬油、溜醬油等幾個種類，他們最大的區別是原料中黃豆、小麥和大米的比例不同。日本的濃口醬油與我們的生抽＋老抽類似，可以互為替代品，而別的日本醬油與中國醬油的味道區別較大。

（3）醋

　　醋是由糧食、穀物或水果釀造而成的酸味調味品。醋的味道與釀造原料有關，我國常見的原料有高粱、大米、麥麩等，國外有用葡萄、蘋果等釀醋的。

　　山西老陳醋就是高粱醋的代表，而鎮江香醋是典型的糯米醋，味道各有特點，可以根據自己喜好來選擇，但在烹飪中它們的用法沒有區別。

　　除了以上兩種顏色較深的醋，還有白醋、米醋。都是透明的醋，在一些涼拌菜和炒菜中，為了不影響成品的顏色，會使用白醋。

　　另外，還有餃子醋、薑醋等，是在釀造醋的基礎上加入蒜、薑等調配而成，可以根據需要選購，或者自己在家簡單配製。

　　西餐中經常用到的有意大利黑醋、白葡萄酒醋、蘋果醋等，味道與中國醋有所區別，不可代替使用。其中，意大利黑醋（也叫意大利香醋、摩德納香醋等）是由葡萄釀成的，有特殊的香氣與回味，與橄欖油搭配就是簡單而又萬能的油醋汁，拌沙律或蘸法國麵包都可以。黑醋的質量與年份相關，年份越久，醋越濃稠香甜，價格也就越高。

　　本書中還用到了日本的柚子醋（酸橘醋、檸檬醋等都是同類型），但這不是用柚子釀的醋，而是用穀物醋加上醬油、高湯、柑橘果汁製成的調味汁，買不到時可以自製替代品。

（4）糖

如果只是做菜的話，除了紅糖味道不一樣，其他的糖在口味上沒有甚麼區別，都可以互為替代品。從方便性和耐儲存性的角度來說，砂糖是最實用的選擇。

如果要做甜點，則不要隨意用別的糖代替，因為甜點中的糖不僅要提供甜味，還有其他的作用。比如，綿白糖含有糖漿，不適合用來打發蛋白。粗砂糖和細砂糖在焗爐中溶化速度不一樣，也不能互相代替。糖粉裏的少量生粉對於味道來說沒有影響，但在煮糖漿或者做焦糖時就有影響。所以如果是做甜點，菜譜裏說用甚麼糖就用甚麼糖，不宜亂改。

至於焦糖，並不是一種能買到的商品糖。將白糖加熱到120℃~180℃時會發生脫水反應，顏色變黑，帶來苦味，這時候的這種又甜又苦的糖就叫焦糖。不光甜點中會用到焦糖，紅燒肉的「炒糖色」就是將白糖轉化為焦糖而形成的。

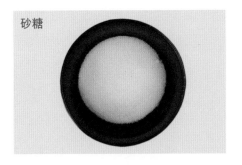

砂糖

砂糖是一粒一粒結晶的蔗糖，純淨度比較高，儲存也很方便，在烹飪、烘焙中都常用到。根據砂糖的顆粒大小可分成粗砂糖、細砂糖、幼砂糖等，最常用的是細砂糖，本書中用到的絕大部分「糖」都是指細砂糖。

將磨細的砂糖加入一部分糖漿合成之後就變成了綿白糖。綿白糖顆粒較細，相比砂糖來說溶化較快，沒有顆粒感，在中餐中經常作為蘸糖出現（如糖拌番茄、甜粽子蘸糖）。但綿白糖不易儲存，開封後容易結塊，如果不是經常使用的話，實用性不強。

冰糖

　　冰糖是結晶顆粒較大的砂糖，分為單晶冰糖和多晶冰糖，冰糖從本質上來說跟砂糖是同一種東西，不管是單晶、多晶冰糖，還是砂糖，加熱熔化後，使用起來沒甚麼區別。

　　將砂糖磨得特別細就是糖粉。糖粉一般用在甜點烘焙中，

糖粉（糖霜）

其他地方很少用到。市場上的糖粉都會摻一小部分的生粉，這並不是假冒偽劣，而是因為純糖粉接觸空氣後容易結塊，加入生粉就可以緩解。

紅糖

　　甘蔗中的糖在沒有純化的情況下帶有紅褐色，就是紅糖。紅糖有特殊的風味，在中式甜點中有時會用到。紅糖也很容易結塊，要注意密封保存。

（5）酒

　　無論中餐還是西餐，酒都是烹飪中的重要元素。酒可以去腥，可以讓肉的口感更嫩，也會帶來更豐富的香味。

　　中餐中常用的酒是料酒，料酒是在黃酒的基礎上加入香辛料、食鹽等調配而成的烹飪用酒。料酒沒有太多種類，選購時也不用特意留心區分。用陳年黃酒效果更佳。

　　西餐中常用的酒是紅葡萄酒和白葡萄酒，都是指用來喝的酒，不用單獨買烹飪酒。當然，酒的品質越好，做出的菜也會越好吃。

　　日式菜系中會用到日本清酒，在甜點烘焙中還會使用到朗姆酒、力嬌酒等，這些都可以根據需要購買，不用常備。

香辛料

（1）八角等中餐香料

　　八角，也叫大茴香、大料，一般呈深棕色的八角星形狀。桂皮，一般是淺褐色的帶卷的棒狀（碎了就變成片狀）。香葉，是灰綠色的乾葉子。

除了這些，中餐中常見的還有丁香、草果、白芷、砂仁、山奈（沙薑）、孜然、小茴香等。對於新手來說，常備八角、桂皮、香葉，就可以製作簡易的燉肉、鹵汁等菜了。

（2）花椒

花椒與上面那些香料不太一樣，因為八角、桂皮的用法幾乎只有一種，就是浸在湯汁裏長時間熬煮，花椒的用法則靈活得多，燉湯時可以放幾顆，炒菜時可以抓一把熗鍋，還可以做成椒鹽蘸着吃。

花椒香味獨特，是一些菜品中的必備調料。但花椒吃在嘴裏會有麻麻的感覺，如果不喜歡這種口感，可以在熗鍋後撈出來丟棄。

（3）黑胡椒

黑胡椒在中餐、西餐中都會用到，但中餐中更多用到的是它的辛辣味道，所以用黑／白胡椒粉比較多；西餐中往往需要它的香氣，所以用現磨的黑胡椒會更好。

胡椒除了有黑色的和白色的，還有綠色的、紅色的，等等，味道都略有不同。黑胡椒和白胡椒不可互相代替。

（4）五香粉

五香粉就是從第（1）項的中餐常見香料中選 5 種（有時候是 6 種、7 種）磨粉調配而成的。粉末狀使得它除了可以用來燉肉，還可以用在醃肉、包餃子、炒菜等多種用途中，非常方便，適合新手使用。不過一旦進階之後，最好還是自己搭配香料，可以組合出多種變化來。

（5）咖喱

咖喱是一種複合香料，包含十幾種甚至幾十種香料，是印度大陸的代表香料。咖喱有咖喱粉、咖喱塊兩種形式，不同之處在於用咖喱塊可以直接煮出濃稠的湯汁，而單用咖喱粉的話，湯汁比較稀薄。對於新手來説，咖喱塊是方便而又簡單的選擇。

(6) 香草碎

西餐中會用到很多香草，比如羅勒、番茜、牛至等，新手可能難以分清，簡易的替代品就是混合香草碎。根據香料種類和比例的不同，有意大利混合香草、普羅旺斯混合香草等種類，但對新手來説區別不大。

值得注意的是，混合香草碎是乾製後的香草，一般用在醃製、燉肉或者做醬汁的時候，不能像新鮮香草一樣在最後撒在菜品上。

補足調味料

(1) 蠔油

蠔油是中式調味料，是用生蠔（牡蠣）肉熬成的汁濃縮調配而成，帶有濃郁的鮮甜味。蠔油是百搭調料，大部分菜都可以加一點蠔油，提鮮作用非常明顯。蠔油種類不多，但在購買時可以留意配料表，蠔汁排在靠前位置的都是真材實料的蠔油，劣質蠔油會少用甚至不用耗汁。

蠔油容易壞，開啟後最好放雪櫃冷藏，並且儘快用完。

（2）豆瓣醬

　　豆瓣醬在全國各地指代的是不同的調味料，比如黃豆醬、豆豉等。本書中指的是郫縣豆瓣醬，味道鮮香麻辣，顏色紅亮，是川菜中經常用到的調料。

　　豆瓣醬開啟後需要在雪櫃冷藏保存，每次要用乾淨的匙子或筷子取用，防止污染。

（3）味醂

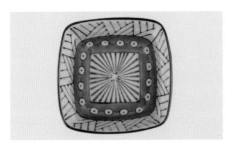

　　味醂（也叫味霖、味醂、米林等）是日本料理中的調味料，類似甜味的米酒。如果買不到味醂，可用酒釀汁＋糖來代替。

（4）魚露

　　魚露是東南亞菜系中常見的調味品，雖然顏色看起來是淡淡的琥珀色，但鹽度很高，不宜多放。魚露是由魚發酵而成的，聞起來會有獨特的「臭味」，但少量用於烹飪中可使菜品變得鮮美。

　　魚露味道特殊，不可用其他東西代替。

常見香草

（1）羅勒（Basil）

　　羅勒在中國有個親戚，叫九層塔（金不換），在潮汕菜中經常用來搭配炒海鮮，台灣菜中的三杯雞也加了大量的九層塔。兩者相比起來，九層塔帶有一些類似八角的香氣，有似有似無的辛辣味，而西餐用的甜羅勒味道則更柔和，回味帶甜。

　　羅勒和番茄的味道很搭，在意大利菜中應用很廣，最傳統的意式瑪格麗特薄餅中就用到了羅勒。意大利人還喜歡將大把羅勒葉與橄欖油、蒜、松仁一起搗成青醬，直接拌意大利粉吃。（注意：羅勒的味道比較容易揮發，因此適合在最後時刻加入，如果要長時間燉煮的話，需要加入大量的羅勒葉子。）

　　使用方法：將羅勒葉子一片片摘下來，用手輕揉，使葉子散發香氣後直接撒入鍋中。或者將幾片葉子卷成條，用刀切成細絲使用。

（2）百里香（Thyme）

　　百里香味道淡雅，帶有一絲類似檸檬的香氣，適合長時間燉煮，是西餐中可以百搭的香料。

　　使用方法：將葉片從枝條上擼下來即可撒入鍋中。如果用量較大，可以將一把百里香紮成一束，直接留在鍋中燉煮，出鍋前挑出枝條即可。

（3）番茜 / 法香 / 巴西裏（Parsley）

　　番茜有兩個版本：長得像芹菜葉子的平葉番茜和長得像迷你西蘭花的皺葉番茜。番茜又叫法國香菜，它確實有一絲絲香菜的氣味，但比香菜要溫和許多，而且帶了些青草的味道。番茜的用法也與香菜類似，在食物出鍋的最後時刻撒在菜品上即可。由於其具有獨特的清香，番茜經常與重油的肉菜搭配，是解膩的一把好手。

　　使用方法：平葉番茜將葉子揪下，用刀切碎即可。皺葉番茜用手將葉子掐下，揉碎即可。

（4）迷迭香（Rosemary）

　　迷迭香的香味濃郁而獨特，會讓人想起胡椒和松木的辛辣氣味，一聞就讓人頭腦清醒，非常適合與馬鈴薯、肉類搭配。迷迭香葉片厚實，所以不適合直接吃，一般在醃肉時放入，讓肉充分吸收它的味道。另外，由於香味太濃，用量不需要太多，一兩枝就可以醃一塊肉了。

　　使用方法：整枝與肉一起醃製，或整枝入油浸炸。

（5）牛至／薄餅草（Oregano）

　　牛至的味道在新鮮葉子中並不突出，但一旦燉煮就會散發出很香的味道。原產於地中海的牛至也是意大利菜的常備香草，因為經常出現在薄餅的番茄醬裏，所以也有人叫它「薄餅草」。

　　使用方法：葉子揪下後切碎使用。

　　新鮮牛至很少見，乾牛至碎基本可以替代使用。

（6）鼠尾草（Sage）

　　鼠尾草的味道很獨特，帶一點藥香味，甚至有人覺得新鮮的鼠尾草聞起來有點臭。因為其氣味濃烈，經常被用來醃製內臟等味道較重的食材。鼠尾草葉子的口感不佳，所以也不適合直接拿來吃，醃肉燉湯都比較適合。

　　使用方法：整片葉子用來醃肉或入油浸炸都可以。如果用來燉湯，則可把葉子切碎使用。

（7）月桂葉（BayLeaf）

　　月桂葉其實就是中國的香葉，普通超市就能買到，在用法上也是一致的，以長時間燉煮為佳。

　　使用方法：整片葉子入鍋燉煮，出鍋前將葉子挑出丟棄。

（8）蒔蘿（Dill）

　　蒔蘿的味道有點像氣味清淡的小茴香，同時又帶有青草的氣味。蒔蘿適合與海鮮搭配，三文魚與蒔蘿是固定搭檔。
　　使用方法：撕成小朵，直接食用。

（9）藏紅花 / 番紅花（Saffron）

　　藏紅花是世界上最昂貴的香料，按重量計算，其價格甚至高過黃金。藏紅花是番紅花的雌蕊曬乾後的產物，1 克藏紅花需要 150 朵番紅花才能製成。
　　藏紅花的味道清淡，帶一點藥香，還帶有染色效果。在中東、印度等菜系中也經常使用到藏紅花。
　　使用方法：通常每次不超過 5 根，直接放鍋中與湯同煮。
　　藏紅花很昂貴，但是由於耐存放，所以在網購平台就可以買到。

（10）肉桂（Cinnamon）

　　肉桂其實是中餐香料桂皮的親戚，除了都可以用來燉肉，肉桂在西餐中更多是出現在甜點中，如蘋果批、南瓜批中經常會加入肉桂粉。

（11）香草莢（Vanilla）

　　香草莢是甜點中經常用到的材料，有一股濃郁的類似雪糕的香味（因為小時候吃的雪糕都是香草味的）。

　　香草莢在新鮮狀態下沒有香味，需要經過乾燥、發酵等一系列工序後才會產生獨特的奶香，所以通常買到的香草莢都乾巴巴的。

　　使用方法：將香草莢縱向剖開，用刀尖刮出裏面的香草籽使用。剩下的外殼可以與其他材料同煮後撈出，以增加香味。

　　新鮮香草莢昂貴且罕見，烹飪時可以直接用香草精代替。

新手知識五

烘焙篇

在烘焙篇中，我們會介紹常見烘焙食材、基礎麵糰和烘焙工具 3 部分內容。

常見烘焙食材

（1）麵粉

麵粉含有一定量的蛋白質，這些蛋白質在遇到水分子之後會形成一定的網狀結構，使麵糰帶有彈性。這種彈性就叫麵糰的筋性，如果把麵糰裏的其他成分都洗掉，只剩下蛋白質網，就叫作「麵筋」。麵粉的筋性越高，麵糰越有彈性和韌性，有嚼勁，拉扯時不容易斷，像年糕一樣。

因為麵筋含量的高低對麵糰的性狀有很大影響，所以根據不同的用途有高筋粉、中筋粉、低筋粉的區別。高筋粉通常用來製作麵包，因為韌性好的麵糰才能支撐起麵包內部無數的氣孔，讓麵包吃起來又軟又鬆；低筋粉通常用來製作蛋糕、餅乾等，口感酥、軟；中筋粉用途非常廣泛，絕大部分麵點都是用中筋粉製作的，超市裏的「餃子粉」、「小麥粉」、「麥芯粉」等都是中筋粉，一般也不會單獨稱呼其為中筋粉，直接叫麵粉。

（2）牛油

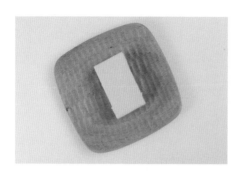

　　有鹽牛油：加了鹽的牛油，一般適合拿來抹麵包吃，不適合烘焙。

　　無水牛油、片狀牛油：將普通牛油內的水分降到 0.1% 之後得到的牛油。這種牛油的軟化和溶化溫度與普通牛油不一樣，不適合一般烘焙。製作千層酥皮時可以用到這種專用牛油。

　　發酵牛油、酸性牛油：將牛奶輕微發酵後製作的牛油，風味比普通牛油更豐富，價格也更高。在烘焙中可以用來代替普通牛油。

　　人造牛油、植物牛油：不是真正的牛油，含有反式脂肪酸，對人體健康有風險，不推薦使用。

　　牛油是從牛奶中提取的脂肪，自帶奶香。但牛油中除了脂肪，還有一定的蛋白質和水分，所以與其他油不同，牛油有明確的固體和液體狀態。

　　牛油需要冷藏保存，在 4℃ 左右的雪櫃裏，牛油是固體狀態。但要注意牛油最好不要冷凍保存，冷凍保存容易讓裏面的水分凍結後析出，油水分離後就無法使用了。牛油從雪櫃裏拿出來後，隨着溫度升高會變成半硬不硬的狀態，輕輕按壓會留下指印（如上頁圖）。當溫度升到 28℃ 時，牛油就徹底軟化了，可以被塑成任何形狀，此時如果降溫，牛油又會變回固體狀態。而當溫度繼續升高，超過 34℃ 之後，牛油就會溶化成液體，這時候就算放回雪櫃也無法變回之前的樣子。

　　在烘焙中經常出現的「將牛油軟化」，就是指 25℃ ～ 28℃ 這個區間，這個時候的牛油像麵糊一樣柔軟，打發後可以容納很多空氣。軟化牛油最簡單的方法就是提前幾個小時將牛油拿出來，讓它在室溫下自己變軟。但如果時間緊急，可以將牛油切成小塊，用微波爐每次熱 5 秒，取出攪拌並檢查狀態，直到大部分都軟化為止。用微波爐軟化牛油一定要切小塊，並且每次不能加熱太長時間，不然牛油會在微波爐裏爆開。

（3）酵母

　　談到發酵，我們知道牛奶發酵會變成芝士，麥芽發酵會變成啤酒，那麵糰發酵後會變成甚麼呢？

　　牛奶的發酵是乳酸菌將乳糖分解為乳酸的過程，所以會變酸；麥芽的發酵是酵母菌將生粉和糖類分解為二氧化碳和香味物質的過程，所以啤酒會有很多泡泡。麵糰也是由酵母菌發酵而成，也會產生氣體。這些小氣泡會被困在麵筋的蛋白質形成的網中，讓整個麵糰變得輕盈又多孔。麵糰加熱後酵母菌死亡，但氣孔留下，麵糰就不會又硬又難嚼，而是變得口感鬆軟，這就是麵糰發酵的意義。

　　所以麵糰發酵有兩個重要因素：酵母的活躍程度和麵筋網。酵母在 5℃ ~ 40℃ 範圍內都可以生活，但在 35℃ ~ 40℃ 下最活躍，所以中式麵糰的發酵通常在室溫或者熱氣下發酵，一般發酵兩個小時就可以。而西式麵包麵糰為了引出更多的風味，會在更低的溫度下發酵更長的時間，甚至放在雪櫃裏過夜。

　　麵筋網的牢固程度也是麵糰發酵成功的重要因素，不夠牢固的麵筋網會掌控不住氣泡，整體看來就是麵糰「塌了」。麵筋可以通過「揉麵」獲得；也可以給蛋白質留一段時間，讓它們自己慢慢變成網狀，這就是「醒麵」。

　　發酵成功的標誌，通常情況下就是：麵糰變成發酵前的兩三倍大。發酵完成之後，往往要再揉幾下麵糰，把空氣排出去，為甚麼呢？因為酵母菌會一直活躍，而發酵成兩三倍大說明酵母菌已經繁殖到了一定數量，麵筋網可以支撐起這麼多的氣泡，所以只要再給酵母菌一點時間和一定的溫度（比如，用蒸籠蒸一下），麵糰就會再度膨脹起來。

（1）餃子皮麵糰

配比：每 100 克麵粉，配 50~55 毫升水

　　將麵粉和水都放入大碗中，用筷子畫圈攪拌，直到水完全融進麵粉中。這時再用手將硬塊和麵粉捏合成糰，可以很好地防止手上沾太多麵糊。

　　等到碗裏的硬塊形成一個大糰的時候，就可全部倒出來，在案板上揉麵。揉麵的基本方法是用手掌根向下及向前推壓麵糰，推開後再折疊起來，繼續推壓。揉一段時間後，麵糰變得均勻，看不見乾粉。再揉一會兒，就不會黏手也不會黏案板。等到麵糰表面光滑沒有硬塊，捏起來富有彈性時就揉好了。用保鮮紙將麵糰包裹起來，在室溫下放置 30 分鐘或更長時間，就是「醒麵」。「醒」完後餃子皮麵糰就做好了。

（2）麵條

配比：每 100 克麵粉中加入 35~60 毫升水，1 克鹽

　　麵條的種類不一樣，水分含量也不一樣。以 100 克麵粉

為例，刀削麵的麵糰偏硬，水要儘量少放，保持在 35~40 毫升；手擀麵的麵糰稍軟，水量可以在 40~45 毫升；扯麵、捵麵可以用 50~55 毫升水；拉條子的水在 55~60 毫升。

水分太少和太多的麵糰揉起來都比較困難，可以通過長時間醒麵，甚至放雪櫃過夜的方式來解決。將麵糰揉到均勻無乾粉的狀態，包保鮮紙靜置幾小時即可做麵條。

（3）饅頭、包子皮

配比：每 100 克麵粉，配 45~55 毫升水，1~1.5 克乾酵母

做饅頭要少放點水，做包子要多放點水。夏天可以少放些酵母，冬天溫度低，酵母可多放一些。

揉麵的方法與其他麵糰一致。揉好後放入大碗內，碗口蓋保鮮紙，在溫暖的地方靜置 1~2 小時，等到麵糰發脹到 2 倍大後，取出再揉幾下，就可以切饅頭或包包子。

饅頭或者包子在開火蒸之前還需要醒發一次，大約 15~20 分鐘，等麵糰明顯變大即可。

（4）牛油餅乾

配比：牛油 200 克，砂糖 80 克，鹽 3 克，香草莢 1 根，低筋麵粉 300 克

　　使牛油在室溫下充分軟化，加砂糖、鹽和香草莢的籽，用打蛋器打發到色發白，篩入低筋粉，用刮刀攪拌均勻即可。

　　這是最基礎的牛油餅乾麵糰，可以加果乾或是香草碎豐富口味。然後冷凍切片，或者擀開後切成你想要的形狀。

（5）批皮

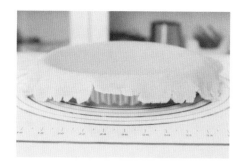

配比：牛油 75 克，糖粉 60 克，低筋粉 150 克，雞蛋液 25 克，香草莢半根

　　使牛油在室溫下軟化，加入糖粉和香草莢的籽用打蛋器打到發白，分 2 次加入雞蛋液，每次都用打蛋器打到充分融合。最後加入低筋粉，用掌根揉成麵糰，冷藏待用。

　　取出在室溫下回溫 5~10 分鐘，就可用擀麵杖擀批皮了。

（6）吐司麵包

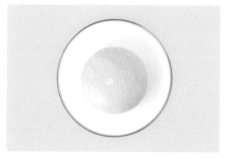

配比：高筋粉 250 克，砂糖 25 克，雞蛋 1 個，牛奶 120 克，乾酵母 2.5 克，牛油 25 克

　　將上述除牛油之外的所有材料放在大碗內，揉成光滑的麵糰。等到麵糰可以拉出薄膜後加入牛油，慢慢揉到牛油吸收。等麵糰可拉出堅固的大片薄膜時，吐司麵糰就揉好了。

　　麵包的麵糰比較濕軟，揉起來需要極大的耐心。含水量較大的麵糰，不能再用「推壓」的方法揉，可以用「摔打」的方式來揉。用手抓住麵糰：用力向案板甩去，讓麵糰形成長條，然後將兩頭折疊，繼續摔在案板上，直到完成為止。

　　麵包對於麵筋網的牢固程度要求較高，所以需要檢查薄膜來確認麵筋的狀態。取一小塊麵糰，用手指將它扯成大片，觀察形成的薄膜與破洞。一開始是無法形成薄膜的，一扯就破。揉到中間會發現可以拉出一片薄膜來，但還是非常脆弱，容易破，此時就可以加入牛油。最終完成後可以扯出大片半透明的薄膜來，用手指輕戳薄膜，有彈性，不會破，這才是揉好的標誌。

（7）薄餅餅底

配比：酵母 3.5 克，溫水 163 毫升，高筋麵粉 250 克，鹽 1/2 茶匙

　　將所有材料一起揉成光滑麵糰即可。

　　薄餅餅底麵糰比麵包的簡單許多，並且不需要嚴格檢查薄膜狀態，表面光滑即可。

（8） 千層酥皮、中式酥皮

　　在基礎麵糰中包入擀成薄片的牛油，並且一再重複「擀薄－折疊」的過程，最終就會形成薄麵糰和薄牛油層層疊疊搭起來的特殊效果，這就叫千層酥皮。

　　當千層酥皮在高溫下焗製時，牛油中的水分會蒸發，形成蒸氣頂開麵皮，而油脂會讓麵皮變得又香又酥脆，最後就會變成無數個薄脆麵片摞在一起的效果，一口咬下去酥脆可口，滿嘴留香。

　　千層酥皮通常出現在葡式蛋撻的撻皮中或酥皮蘑菇湯上，拿破崙蛋糕的酥皮也是它。市面上可以購買到的蛋撻皮，也是千層酥皮的一種。

　　中式酥皮與千層酥皮有點類似，中式酥皮是由基礎麵糰（水油皮）包裹豬油麵糰（油酥皮），再經過擀薄、折疊形成。中式酥皮相對於千層酥皮來說要簡單一些，因為千層酥皮要在特定的溫度下保持牛油的性狀才能做到充分擀開，而中式酥皮中的油酥因為含有麵粉，狀態穩定，難度降低不少。中式酥皮通常出現在中式糕點中，如鮮花餅、蛋黃酥、鮮肉月餅等。

手動打蛋器

　　手動打蛋器多用來進行基礎的攪拌工作,在烘焙和西餐裏都很常見。比如,本書中出現的「打散雞蛋」、「打發忌廉」,都可以用手動打蛋器完成。

電動打蛋器

　　電動打蛋器功率大,一般用於對打發程度有要求的時候。比如,打發蛋白或蛋黃。如第五章中的「抹茶雪糕」、「法式甜奶醬朱古力慕斯」的製作過程都用到了它。

麵粉篩

　　使用麵粉、糖粉、生粉等粉類食材前，都需要先用麵粉篩一下。除了能讓粉類使用前更精細，還能篩掉雜質。具體用法可參考第五章「英式鬆餅」。

矽膠刮刀

　　矽膠刮刀耐高溫、易清洗，且不易黏，通常用來進行翻拌。在需要加熱的甜點食譜中，矽膠刮刀也起到鏟刀的作用。本書第五章甜點食譜的翻拌動作，基本都是由矽膠刮刀完成的。

小刷子

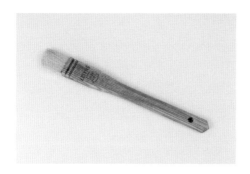

　　小刷子，通常用來給焗物表面均勻塗油，或是在焗物放入焗爐前刷蛋液用。比如，在「英式鬆餅」入焗爐前刷蛋液，在「焗肋排」進焗爐前刷醬汁。

不銹鋼刮刀

　　刮刀能起到美化食物表面的作用，有一定柔韌性，常用來磨平忌廉或慕斯表面。

量匙

　　食譜中經常會出現「1/2 茶匙」、「1/3 湯匙」、「一杯」這樣的量詞，直接使用量匙和量杯可以減少換算的麻煩。

刨絲器

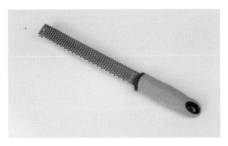

　　獲取柑橘類水果外皮碎和為芝士刨絲的方便利器。「洛林乳蛋餅」、「美式薄餅」食譜中都是用它為芝士刮絲。

電子秤

用來精確稱各種原材料，是製作麵點烘焙的必需品，精確度越高越好。

擀麵杖

擀麵杖可幫助延展和擀勻麵糰，也可以用來碾碎堅果。具體用法可參考本書「英式鬆餅」、「美式薄餅」、「三文魚牛油果塔可餅」的做法。

第二章

進最常見的家常菜，如何做出驚豔眾人的味道

土生土長的中國人，都是被家常菜餵養大的。

小時候在家吃媽媽做的番茄炒蛋，上大學在外地，去食堂也要吃。到餐廳不知道點甚麼，來一碟番茄炒蛋總不會錯。

中國菜的烹飪技巧豐富，有炒、燉、爆、炸、燜、燒等十八般武藝，因為變化多端，所以百吃不膩。曾為宮廷菜的宮保雞丁、馳名中外的麻婆豆腐、遠渡重洋的雞絲涼麵……家常菜聽起來最簡單，卻也是各個菜系的根本。

我們通過一些大大小小的調查，從這些溫暖美味的料理中找出了最受歡迎的 12 道菜。這些菜來自大江南北、酸甜鹹辣皆有。中式餐飯講究湯、菜、主食齊全，快手出鍋的炒菜、暖胃飽腹的湯菜、香酥可口的炸菜……這本書裏有的，不只是家常菜的詳盡做法，還有容易被忽略的細節：一道菜好吃的關鍵、根據自己口味可調節的變量和用相似方法可做的衍生食譜。

本章既有技巧，也有靈感，讓你親自下廚時不會「執筆忘字」。

番茄炒雞蛋
到底哪個流派最好吃？

場合 / 正餐 ● 主食　　　用時 / 15 分鐘

番茄炒雞蛋是一道新手入門菜，因為其原料購買方便，而且不需要特殊的刀工技巧。最重要的是，就算烹煮過程中出現了小失誤，最後的味道也不會太差，能極大地提升下廚者的信心。

番茄炒雞蛋在全國各地，乃至各家各戶，都有不同的風味和做法：從「甜黨」、「鹹黨」之爭，到先炒蛋還是先炒番茄；從番茄要不要去皮，到加小葱還是加蒜粒。在這裏，我們只介紹最基本的一種做法，你可以根據自己的喜好和習慣來調整，不必追求完全一致，畢竟做飯最重要的是合自己的胃口。

食材

主料——
○番茄 2 個　　○雞蛋 3 個

調味料——
○葱 1 根　　○薑 2 克　　○蒜 1 瓣（可選）　　○油 4 湯匙
○鹽 1/2 茶匙　　○糖 1/2 茶匙　　○番茄醬 1 茶匙（可選）

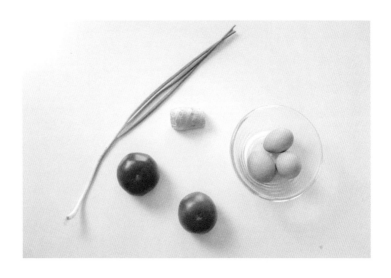

做法

① 雞蛋打入碗裏，用筷子攪散，
加 1/4 茶匙的鹽入味。

② 葱切成小段或是葱花，薑、蒜
切片。

③ 洗乾淨番茄，然後切瓣（先橫
切去除根蒂，再切瓣）。

④ 3 湯匙油倒入冷鍋中，開中火
燒熱，然後放雞蛋，炒散呈大
塊，取出待用。

⑤　鍋裏倒入 1 湯匙油，放薑爆香，然後放入番茄塊炒 1 分鐘，再放入炒好的雞蛋。

⑥　加鹽和少許糖，關火，加入葱花翻炒，如果想加番茄醬和蒜，此時可加進去。

美味秘訣

① 炒出大塊雞蛋

　　放入打散的雞蛋後，先不用動，等凝結了再用鏟刀鏟開，這樣雞蛋塊比較大。

② 讓番茄汁的味道與雞蛋融合

　　番茄下鍋翻炒後，別急着放雞蛋，先耐心炒 1 分鐘至番茄變軟，才能將味道釋放出來。

③ 做出「對味」的番茄炒蛋

　　番茄炒蛋的派系太多，口味各有千秋。想做出最對自己胃口的一款，方法很簡單：多做幾次。試着用控制變量的方式對每次的烹飪方法進行改進。番茄醬、糖、蒜、葱、薑在這道菜裏都是可有可無的食材。試着搭配出你最喜歡的組合吧！

補充知識

一隻蛋的學問

系帶 起到讓蛋黃固定在中間的作用，系帶越明顯，雞蛋越新鮮。

蛋殼 一種半透膜，表面凹凸不平，有多達 17000 個微小氣孔，主要成分是碳酸鈣。

蛋殼膜 位於蛋殼內，有內外兩層之分，起到防止細菌進入的作用。

蛋黃 固重量佔帶殼雞蛋的 1/3，但熱量佔 3/4，主要成分是脂肪和蛋白質。

蛋白 蛋白的主要成分是水分和蛋白質，靠近蛋黃的蛋白濃，靠近蛋殼的蛋白稀。

氣室 在雞蛋的大頭端，像一個空氣口袋，雞蛋放久後，氣室會變大。

認識一隻雞蛋

雞蛋的營養價值很高，是最廉價、最便利，也是消化率最高的蛋白質來源。每 100 克雞蛋中，約含 12.6 克蛋白質；食用一隻雞蛋所攝入的蛋白質與飲用 200 克牛奶相當。除此之外，雞蛋還富含脂肪（以不飽和脂肪酸為主）、膽固醇、氨基酸和人體所需的重要微量元素。

形形色色的蛋

蛋是鳥類、爬行動物及兩棲動物所產的卵。市面上有形形色色供我們選購的蛋類食材，如各種鮮雞蛋、鵪鶉蛋、鴨蛋、鵝蛋，以及其加工製品。

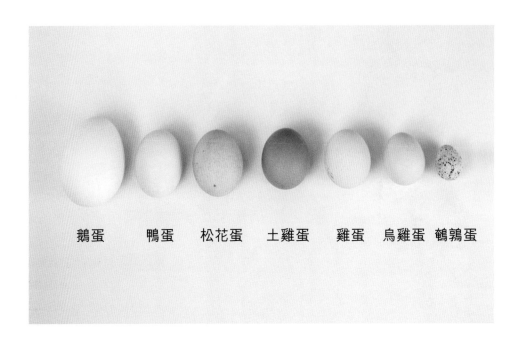

鵝蛋　　鴨蛋　　松花蛋　　土雞蛋　　雞蛋　　烏雞蛋　鵪鶉蛋

鵪鶉蛋

鵪鶉蛋，個頭很小，一顆的重量在 10 克左右。鵪鶉蛋營養價值不輸雞蛋，但價格更加昂貴。鵪鶉蛋很少作為日常飲食，多見於日式雞蛋壽司、街頭燒烤、美式漢堡加料等小吃中。現在市面上所售賣的鵪鶉蛋大多是鹵製好的，存放時間比新鮮生蛋短，一般在冷藏條件下最好不要超過 3 天。

鴨蛋

在幾種蛋食材中，鴨蛋出現的頻率僅次於雞蛋。相比雞蛋的營養含量，鴨蛋含有更多的脂肪，所以儘管大部分雞蛋食譜都適用於鴨蛋，但做出來的效果還是不太一樣的。以前有說法認為，鴨易感染沙門氏菌並傳染到鴨蛋內，但實際上並沒有數據表明食用鴨蛋更加危險。不過安全起見，無論是生鴨蛋還是醃好的鹹鴨蛋，都要儘量多煮一會兒，需要 10~15 分鐘。

皮蛋（松花蛋）

皮蛋又稱松花蛋，是主要以鴨蛋為原料的蛋類加工製品，外觀透亮黝黑，有着美麗的花紋，食用起來有較明顯的氨氣的味道。皮蛋多為密陀僧、桑木灰、鹽等醃製而成，因為含鉛，不宜多吃。

鵝蛋

鵝蛋是常見蛋中最昂貴的一種，2 隻鵝蛋大概就有 500 克。鵝蛋很大，是雞蛋的 5 倍左右，膽固醇、脂肪的含量也比雞蛋高。就蛋黃佔全蛋的比例來說，雞蛋一般蛋黃佔 1/3，但鵝蛋可以達到 1/2，因而鵝蛋的卵磷脂含量也更高。鵝蛋不宜多吃，一天吃 1 個足夠，多了會對內臟造成損傷。

烏雞蛋

市場上所見的綠殼雞蛋，一般都是烏雞蛋。與普通雞蛋相比，綠殼烏雞蛋所含硒、蛋白質更多，脂肪、膽固醇更少，一般被認為具有滋補和保健的作用。烏雞蛋由於產量少，價格比較昂貴。

土雞蛋（柴雞蛋、笨雞蛋）

土雞蛋也稱柴雞蛋或笨雞蛋，產自散養的土雞。由於散養成本高，資源稀少，所以土雞蛋的價格一般要高於普通雞蛋。但是購買雞蛋時，不可盲目選擇土雞蛋，一是因為兩種蛋的營養價值沒有顯著差異，二是因為土雞蛋的生產規範可能不如普通正規化生產的雞蛋。如果要購買，建議去值得信賴的場所購買。

購買雞蛋時，我們會發現蛋殼的顏色不太一樣，這是由產蛋的母雞所帶色素決定的，並不影響雞蛋質量。選購雞蛋時，除了挑新鮮日期，還可以用這 4 種方法判斷：

① 將雞蛋打散至盤中，新鮮的雞蛋的蛋黃是飽滿的，不夠新鮮的雞蛋的蛋黃會比較乾而收縮；

② 手持雞蛋晃動，如果感覺不到蛋液的流動，而是一個整體，說明蛋是新鮮的；

③ 將雞蛋泡在大碗水（或 10% 鹽水）中，新鮮雞蛋會下沉，不夠新鮮的雞蛋會傾斜或浮起來；

④ 將雞蛋對着光源，如果裏面是清晰半透亮的則新鮮，如果能看到灰暗的斑點則不夠新鮮。

雖然超市的雞蛋是常溫擺放，我們還是習慣買回以後放入雪櫃。冷藏保存雞蛋，儘管理論上有細菌感染其他食材的可能，但能夠延長雞蛋的保鮮時間。雞蛋儲存時，要注意不需要事先清洗，否則會破壞保護雞蛋的皮層。另外，注意尖頭朝下、帶氣位的大頭朝上，不要橫放，以穩固蛋黃的位置，避免蛋黃漂浮到上方，一打就散。

雞蛋在烹飪中的應用非常廣泛，除了通過蒸、煮、炒、煎自己成菜，還是很多菜餚中增色的配角。在處理和使用雞蛋時，需要注意：觸摸過生雞蛋後要及時洗手，不要直接碰觸其他生鮮，避免細菌感染。另外，不要提前過久將雞蛋打出來準備，儘量等到要下鍋炒之前再打出來，避免雞蛋失去彈性，影響口感。

衍生食譜

雞蛋料理

① 你真的會煮雞蛋嗎？

做法　將雞蛋放入冷水中，中火加熱，水沸騰後分別再煮 3.5~4 分鐘、4.5~5 分鐘、8 分鐘。（根據雞蛋大小和鍋的大小不同，時間需要靈活調整。）

3.5~4 分鐘　　　4.5~5 分鐘　　　8 分鐘

② 兩種流心雞蛋的做法

太陽蛋

食材

○ 雞蛋 1 個
○ 油 1 湯匙
○ 鹽、黑胡椒少許
○ 清水 1 湯匙

做法

① 鍋中放油，調至中火，打入雞蛋。
② 雞蛋底部凝固後，倒入 1 湯匙清水，迅速蓋上鍋蓋，小火燜 1 分鐘左右，然後以鹽、黑胡椒調味。

水波蛋

食材

○ 雞蛋 1 個
○ 白醋 2 湯匙

做法

① 在水中放入 2 湯匙白醋，煮開。將雞蛋打開放在一個小碗裏。

② 醋水煮開後轉小火，水面要平靜。用一根筷子沿鍋邊攪拌，讓水形成漩渦，將雞蛋貼着水面滑入漩渦中心（漩渦中心比較穩定，雞蛋不會拉出蛋花絲），繼續用小火加熱 2.5 分鐘左右（根據雞蛋大小靈活調整），用漏匙撈出存放在溫水裏。

③ 雞蛋的華麗變身

日式厚蛋燒

食材

○ 雞蛋 3 個
○ 高湯 20 毫升
○ 生抽 10 毫升
○ 糖 2 茶匙
○ 油 1 湯匙

做法

① 將雞蛋、高湯、生抽、糖打散,把厚蛋燒方鍋加熱,刷一層油,用廚房紙擦勻。

② 倒入 1/3 的蛋液,保持小火均勻加熱,等蛋液基本凝固時,用刮刀輔助將蛋皮從一側開始捲,捲完後推到另一側。

③ 再倒入 1/3 的蛋液,與上一步方法相同。最後 1/3 的蛋液的處理也是一樣。全部捲完後,將蛋捲四邊壓製成方形,並煎到表面微黃,取出切段即可。

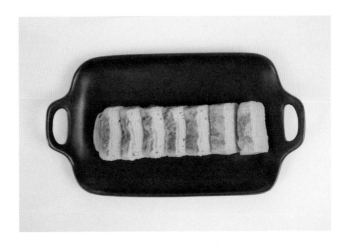

英式炒雞蛋

食材

○ 雞蛋 3 個
○ 鹽 1 茶匙
○ 糖 1/2 茶匙
○ 牛油 10 克

做法

① 將雞蛋在碗中打散,加鹽、糖。
② 在鍋中用小火將牛油溶化,然後放入雞蛋,持續用鏟刀來回攪拌,讓雞蛋形成散狀小塊,可以搭配煎好的吐司食用。

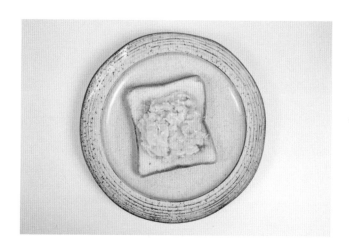

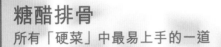

糖醋排骨
所有「硬菜」中最易上手的一道

場合 / 正餐 • 主食　　用時 / 60 分鐘

　　如果你跟別人說「我會做番茄炒雞蛋」，別人會認為你八成是個新手，只會做一道菜；而如果你說「我會做糖醋排骨」，那你在別人眼中的位置一下子就高了起來。

　　糖醋排骨就是這麼一道神奇的菜，雖然並沒有甚麼特殊的技法，但要將它做得好吃，則需要你對肉的熟度、火喉、調料的比例都有一定的掌控能力。這些都不難，你需要的只是耐心和細心。

　　糖醋排骨也有很多種做法，有放醬油、放番茄醬、放梅子等，選自己喜歡的就好。

食材

主料——
○豬小排 500 克

調味料——
○薑 2 片　　○蒜 3 片　　○油 2 湯匙　　○料酒 2 湯匙
○米醋 3 湯匙　　○糖 3 湯匙　　○生抽 3 湯匙
○老抽 1.5 湯匙　　○熟白芝麻 1 克

做法

① 將排骨放入清水中，抓洗後沖乾淨，去除表面血水，然後濾掉水分。

② 涼鍋中放油，燒熱後放薑、蒜爆香，然後放排骨炒至變白。

③ 在鍋中放入料酒、生抽、米醋、白糖、老抽。

④ 翻炒後倒入清水,沒過排骨。
水燒開後,蓋上鍋蓋,中小火
燜煮 45 分鐘左右(之後試味,
可以在此時增補糖和白醋)。

⑤ 肉軟爛後,開大火收汁至濃稠,
翻動防止糊鍋。

⑥ 臨出鍋前撒上熟白芝麻。

美味秘訣

① 如何選購排骨

　　這道糖醋排骨選用的是「豬小排」部位，骨、肉、軟骨相連，肥瘦相間且以瘦肉為主。挑選時，要從肉的顏色、質感、氣味去分辨：肉顏色呈鮮紅色，質感為手指按壓能馬上彈回，氣味無羶味。

② 讓排骨更酥軟

　　翻炒排骨時，可以煎久一點兒，這樣肉更容易酥嫩、入味。不要心急，否則肉會太硬。

③ 收汁到濃稠

　　燉煮的時候用小火，是為了肉能充分燉至軟爛；收尾時以大火收汁，是為了鎖住味道，並蒸發掉不必要的水分，讓成色更好。判斷湯汁是否達到理想狀態的方法是：輕輕擺動炒鍋，湯汁能緊緊地跟着肉流動；也可以直接關火，等表面的泡泡消掉，肉眼判斷湯汁濃縮的程度。

補 充 知 識

豬肉常見部位區分及做法

豬肉分解圖

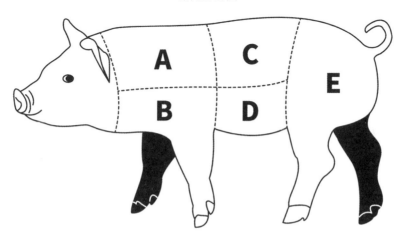

A 肩胛：頸肉、大排、梅花肉

B 前腿：前腿肉、肘、蹄

C 脊背：裏脊、外脊

D 腹肋：五花、肋排

E 後腿：臀肉、蹄

肩胛

在挑選排骨時，經常會有「大排」、「小排」之分，大排指的就是肩胛部位的排骨，肉比較緊實，骨偏長，沒有軟骨；小排位於「腹肋」部位，後面會講到。

豬頸肉的肉質較老，外表呈深紅色，不太適合炒菜，更適宜燒烤或做餡兒。

梅花肉（如下圖）靠近上肩，肉質更為細嫩，市場上常見的是已經切好的、肥瘦相間的圓形片狀，可直接拿來煎烤。

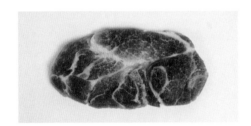

前腿

豬前腿肉肥瘦相間，但整體來說偏瘦，適合炒菜。

豬肘和豬蹄的做法比較煩瑣，如果食材是生的，要先清除雜毛，然後進行處理。如果不切開，就比較難熟，烹飪也比較費時，如醬肘子、焗肘子、醬豬蹄、焗豬蹄。但是如果切成小塊，則更適合家常烹飪，紅燒也好，燉湯也好，味道都非常香濃。

脊背

豬柳是豬身上最鮮嫩的部位，肉質緊密有彈性，是炒菜首選。豬外脊也稱通脊（因貫穿脊背而得名），和豬柳類似，也是以瘦肉為主，同樣適合炒菜或油炸。

腹肋

　　相比牛肉和羊肉，豬肉最大的特點就是油脂厚且多。比如，腹肋部分的五花肉，因為富含油脂，所以吃起來比較香。

　　五花肉可以整塊焗來吃，其油脂可以形成脆皮；也可以切塊紅燒或是切片炒菜。炒五花肉時，可以不用放油，而是先放一點兒水進行水煎，隨着水分蒸發，肉逐漸變熟，油脂也會被煎出來。

　　另外，我們常用來做糖醋排骨、紅燒排骨等的「豬小排（如下圖）」也取自這裏。由於帶有白色軟骨，口感比較特殊，但需要較長時間烹飪。

後腿

　　在選購豬蹄時，我們一般選擇前蹄而非後蹄。雖然後蹄看起來比較大，但是多為骨頭，不如前蹄肉厚實，而且後蹄還有很多的肉筋，因而後蹄也更便宜。

　　豬臀肉（如下圖）也以瘦肉為主，可以作為裏脊和外脊的替代品，適合炒、爆、溜、炸等烹飪方式。

紅燒肉
集百家之長的做法

場合 / 正餐 ● 主食　　用時 / 50 分鐘

紅燒肉顏色鮮亮，肥而不膩，是極佳的下飯菜。

但說起做法，紅燒肉的流派之爭也非常複雜：上海菜講究濃油赤醬，所以上海的紅燒肉會放大量的醬油，成品顏色較深，不像紅色而更偏黑色；江浙一帶做菜偏甜，會在紅燒肉裏放大量的糖，更有著名的「東坡肉」，特點是肉的塊頭特別大；江西的紅燒肉會加入米酒和少量辣椒，還要與筍乾一同燉煮，有獨特的香味；湖南的紅燒肉裏加的是乾豆角，因毛主席的愛好而名揚天下，但有傳說認為最正宗的「毛氏紅燒肉」是不用醬油，純用焦糖上色的……

我們這裏的紅燒肉也是集百家之長的基礎做法，在此之上你可以稍作調整，也可以在第 5 步中加入乾豆角、筍乾、馬鈴薯等一起燉煮。

食材

主料——
○豬五花腩 300 克

調味料——
○葱 2 根　　○薑 2 片　　○油 10 毫升　　○冰糖 40 克
○老抽 1.5 湯匙　　○生抽 1 湯匙　　○料酒 1 湯匙
○八角 1 個　　○香葉 1 片　　○桂皮 3 克

① 豬五花腩和葱、薑涼水下鍋焯水，變色後撈出洗淨，
切成 2.5 厘米見方的小塊。

② 鍋中放油，煸香薑片，然後下肉塊，炒至各面均上焦
色，取出控油。

③ 鍋中放冰糖，中小火持續翻炒至溶化且稍微冒泡時，
放入肉塊，小火「炒糖色」。

④ 鍋中放老抽、生抽、料酒，並加開水沒過肉，大火燒
開後轉小火。

⑤　加香葉、八角、桂皮，小火燜煮半小時。

⑥　肉變軟後（筷子能輕易插進去），大火收湯。

① 正確給五花肉焯水

製作紅燒肉時，需冷水下鍋，與蔥、薑一起焯水，至外表變白即可。焯水除了去腥味、去血水，還能幫助定形，所以應將整條五花肉一起焯水，撈出後再切塊。

② 根據肉湯的狀態掌握進度

製作紅燒類食譜，加水後一般都需經過三個步驟來入味：第一步是倒入水後等待燒開；第二步是調小火，蓋上鍋蓋，讓肉湯保持微沸、冒小泡泡的狀態燜半小時或更久；第三步是肉軟爛後，大火收汁，至湯汁能夠包裹着肉，且在手輕輕晃動鍋的時候，湯汁能緊緊跟隨食材移動。

麻婆豆腐
下飯最佳法寶

場合 / 正餐 • 主食　　用時 / 20 分鐘

　　麻婆豆腐是川菜的代表之一，相傳是在清朝同治年間，由成都一家小飯鋪的老闆娘陳麻婆發明的，所以叫「陳麻婆豆腐」。後來這道菜傳播甚廣，「陳」字漸漸消失，就變成了「麻婆豆腐」。

　　最早的麻婆豆腐是用牛肉製作的，我們自己製作時不必拘泥，豬肉牛肉都可以。

　　麻婆豆腐中花椒粉的作用不可小覷，能帶來獨特的香味，不可省略。

主料——
○北豆腐 300 克　　○豬肉碎 100 克　　○青蒜 1 根

調味料——
○辣椒粉 5 克　　○花椒粉 5 克　　○豆瓣醬 1 湯匙
○油 3 湯匙　　○鹽 2 克　　○糖 2 克　　○生粉 15 克

① 豆腐焯水。豆腐切成 2 立方厘米的小塊，倒入熱水，加 2 克鹽。（此步驟是為了去豆腥，南豆腐可不焯水，北豆腐要焯水。）

② 青蒜切碎待用。

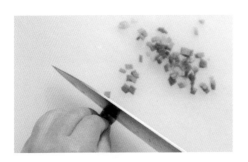

③ 鍋中熱油，放豆瓣醬，炒香出紅油，放入豬肉碎，炒至金黃。

④ 加入所有的辣椒粉、一半花椒粉和清水 200 毫升。

⑤ 加鹽、糖調味，待水燒開後，將豆腐放入鍋中。

⑥ 調 1 碗 水 生 粉：15 克 生 粉 ＋ 30 毫升水，準備勾芡汁。

⑦ 豆腐小火燒 5 分鐘後，鍋拿起離火，撒一圈芡汁後，搖晃一下鍋後放在火上，再燒 1 分鐘（輕輕晃動，防止生粉糊鍋）。

⑧ 出鍋，放青蒜碎、撒剩下的花椒粉點綴。

① 不破壞豆腐的完美造型

很多人做這道菜時，豆腐切成精緻小塊下鍋，翻炒後卻碎得不成樣子。想不破壞豆腐的完美造型，切記不能翻豆腐，想調味均勻，可以拿鍋稍微晃一晃。

② 南北豆腐的選擇

在麻婆豆腐的常規做法中，南北豆腐均可作為食材，北豆腐更香，南豆腐更嫩。對於新手來說，建議從北豆腐試起，更易操作。

市面上常見的南豆腐（嫩豆腐）、北豆腐（老豆腐）和內酯豆腐，區別在於所用的凝固劑不同。南豆腐以食用石膏粉做凝固劑，北豆腐用鹽鹵，內酯豆腐用內酯，因此不同的豆腐存在口感與做法上的差異。南豆腐更軟，適合蒸或做湯；北豆腐有韌勁兒，適合燜、炒、煎；內酯豆腐最為嫩滑，適合涼拌生吃。

衍生食譜

「千嬌百媚」的豆腐料理

輕盈爽口的皮蛋豆腐

食材

○ 內酯豆腐 1 塊
○ 皮蛋 2 個（切瓣）
○ 青、紅尖椒各半根（切碎）
○ 大蒜 3 瓣（切粒）
○ 生抽 2 湯匙
○ 醋 1 湯匙
○ 蠔油 1 茶匙
○ 糖 1 茶匙

做法

① 將備好的青紅椒碎、蒜粒和調味料混勻。
② 在內酯豆腐的盒子底部四角各戳一個口通氣，再倒扣在盤中，可以保持形狀完整。加上調味汁和皮蛋即可。

食材

○ 牛柳 100 克（切條）
○ 洋蔥 1/4 個（切絲）
○ 北豆腐半塊（切丁）
○ 西葫蘆半個（切片）
○ 馬鈴薯半個（切片）
○ 金針菇 50 克
○ 豆芽 100 克
○ 淘米水 500 毫升（或用 500 毫升水加一茶匙生粉代替）
○ 韓國大醬 3 湯匙
○ 韓國辣醬 2 湯匙
○ 油 2 湯匙

溫暖飽腹的韓式大醬湯

做法

① 先將牛柳和洋蔥炒至上色，取出待用。
② 將淘米水、大醬、辣醬上鍋加熱混勻，倒入蔬菜和牛柳煮熟。

唇齒留香的豆花牛肉

食材

- ○ 內酯豆腐 1 塊（切丁）
- ○ 牛柳 200 克（切片）
- ○ 榨菜 1 湯匙（切碎）
- ○ 豆瓣醬 2 湯匙
- ○ 薑、蒜粒各 1 茶匙
- ○ 生抽 1 茶匙
- ○ 糖 1 茶匙
- ○ 花椒 1 茶匙
- ○ 小葱 2 根（切葱花）
- ○ 生粉 10 克（調成水生粉）
- ○ 油 1 湯匙

做法

① 把內酯豆腐放盤中，上鍋蒸 5 分鐘。
② 將豆瓣醬稍微切碎，和花椒、薑蒜粒一起炒出紅油，加入花椒、糖、生抽和一碗清水，煮沸後過濾留紅湯。
③ 將湯再次燒熱，放牛柳煮熟，放榨菜碎、葱花，再以水生粉勾芡，最後倒在豆腐上即可。

葱爆羊肉

快手午餐錯不了

場合 / 正餐 • 主食　　用時 / 20 分鐘

說起北京的羊肉，很多人的第一反應就是銅鍋涮羊肉，薄薄的羊肉片在開水中燙一下，蘸上韭菜花和芝麻醬，好吃又驅寒。然而除了涮，老北京的烤肉也是一絕，一般叫作「炙子烤肉」。炙子是帶有紋路的薄鐵板，在炭火上燒熱後，將醃製過的羊肉片、大蔥、香菜等一同倒在炙子上快速烤熟。羊肉的色香味配上吱吱作響的炙子，可謂視聽盛宴。

有人認為「蔥炮羊肉」就是炙子烤肉的家常版本，口味類似，原料相同，操作上倒是簡單了很多。不方便吃炙子烤肉的，可以試試在家製作蔥炮羊肉。

食材

主料——
○羊腿肉或羊柳 400 克　　○大蔥 1 根

調味料——
○蒜瓣 2 個　○生薑 2 片　○白胡椒粉 3 克
○生抽 20 毫升　○生粉 10 克　○白砂糖 1 茶匙
○麻油 1 茶匙　○鹽 2 克　○料酒 15 毫升
○香醋 2 毫升　○油適量　○孜然粒少許

做法

① 洗菜容器中放水，水中放幾片薑，將洗淨的羊肉浸泡片刻，起到去腥、去血水的作用。

② 羊肉瀝乾水後，橫着紋路切成薄片。

③ 羊肉片放入碗中，加入白胡椒粉、生抽、生粉拌勻，再加入麻油。

④ 蒜瓣切碎，大葱去根去皮、斜切厚片。

⑤ 鍋中放入適量的植物油，中火加熱。待油燒至七成熱時，將醃製好的羊肉片放入鍋中，快速翻炒至羊肉斷生，立刻撈出，瀝乾油備用。將鍋中剩餘的油燒熱，然後加入蒜和大蔥爆香。

⑥ 接着放入羊肉片，再放入白砂糖、料酒、香醋和鹽，撒上孜然粒，大火翻炒幾下即可出鍋。

美味秘訣

① 讓羊肉更加嫩滑

完成上文「做法③」中羊肉片醃製後，可以封油靜置 15 分鐘，這樣能鎖住羊肉內的水分，炒出來的羊肉會更嫩。

② 切出符合期待的肉片

橫着切肉片。

羊肉常見部位區分及做法

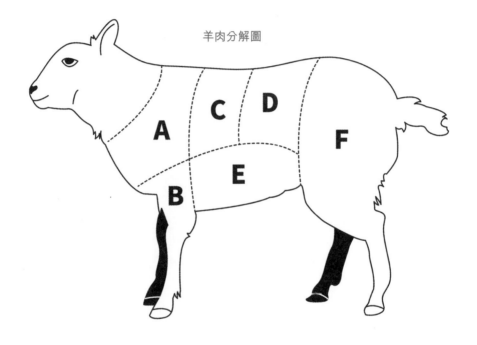

羊肉分解圖

A 肩胛：羊頸肉、羊肩肉

B 前腿：法式羊前腿、前腿肉

C 肋脊：法式羊排

D 腰部：羊 T 骨、裏脊、外脊

E 胸腹：胸腹肉

F 後腿：後腿腱

肩胛

　　羊頸肉（如下圖）的肌肉和筋膜都比較多，適合剁餡兒做丸子或是包餃子。

　　羊肩肉比羊頸肉細嫩，一般分為帶骨肉和純肉，適合煎焗和燉燜。

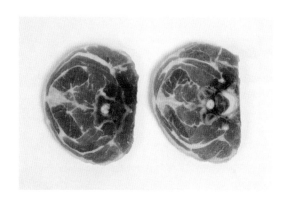

前腿

　　羊肉是西餐的主要肉類主食，市場上能買到的切分羊肉也偏法式，比如位於前腿部位的法式羊前腱。常見做法是用迷迭香等香草焗製。

　　羊前腿肉除了可以直接拿來焗，也可以取腿肉單獨烹飪。由於平時運動較多，羊前腿肉質比較緊，有一定的筋膜，適合醬着吃。

肋脊

　　羊肋脊最常見的售賣方式是法式羊排。按照一扇排骨上骨頭數量區分，可以分為單排、四肋羊排、七肋羊排、十二肋羊排等，你可以按照自己喜歡的烹飪方式進行選擇。羊單排（如下圖）烹飪起來比較簡單，能直接煎熟。至於多肋的羊排，想要整體烹飪，最優的辦法就是放入焗爐裏整體焗，然後再切分。

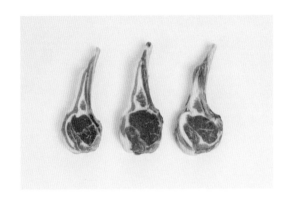

腰部

　　羊腰部常見的產品是切片的羊 T 骨排，整體呈三角形，中間有骨頭貫穿，以瘦肉為主。此部位適宜的做法也是煎焗。

　　裏脊和外脊也可歸於此部位，和牛肉、豬肉的脊肉一樣，是最為珍貴的嫩肉，無論是炒菜，還是燒、扒，都較容易入味。

胸腹

羊的胸腹肉通常也叫羊腩，肥瘦相間，肉質較厚，烹飪用時比較久。肉的滋味比較濃郁，適合用來紅燜，或是燉煮。

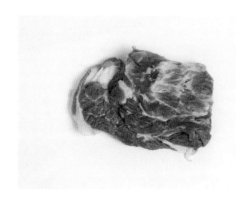

後腿

這裏的後腿也包括了羊臀肉。後腿和前腿類似，除了作為整體，也可以單拿出腱子肉，做法也與前腿類似。

羊臀肉的命名方式也和豬肉類似，比如有霖肉、青瓜條，以瘦肉為主，除了煎、焗、炸、扒，作為火鍋涮肉也很美味。

蘿蔔燉羊肉
一個人的晚餐，也要暖暖的

場合 / 正餐 • 主食　　用時 / 40 分鐘

蘿蔔燉羊肉雖然是一道北方菜，但在做法上與南方的「煲湯」類似，可以總結為一定的「公式」：

1. 肉類切大塊，洗淨（或泡水）；

2. 將肉與冷水一起煮開，這一步叫作「飛水」，是為了去除血沫和一些腥羶味；

3. 另取一鍋清水，將「飛水」後的肉與配料放一起，大火煮開（如果配料中有像蘿蔔這樣容易煮爛的食材，則延後時間再放）；

4. 轉小火，慢燉至少 1.5 小時；

5. 最後放鹽，如果有枸杞、蔥花等也是最後再放；

記住這個公式，就可以方便地燉出很多湯了。

食材

主料——
○羊排（或羊腩）600 克　　○白蘿蔔 1 根

調味料——
○花椒 10 顆　　○料酒 1 湯匙　　○生薑 20 克　　○鹽 4 克
○枸杞 10 顆　　○香菜或青蒜 2 根　　○白胡椒粉 2 茶匙

① 將食材準備好，羊排剁成塊，在水中浸泡 1 小時，中途換 2~3 次水。

② 鍋內倒入冷水，加入羊排、花椒、料酒，中火加熱將水燒開。羊肉變白後撈起，用水沖乾淨，去除血沫和羶味。

③ 湯鍋內放入清水和薑片，燒開後放入焯好的羊排，大火煮開後轉小火
　　慢燉約 1 小時 20 分鐘。

④ 洗淨白蘿蔔，去皮後切成均等的塊狀。

⑤ 羊肉燉得軟爛後，加入白蘿蔔，煮約 20 分鐘呈半透明狀即可關火。撒些枸杞和香菜葉，以鹽、白胡椒粉調味。

美味秘訣

把羊肉燉得軟爛

　　除了本食譜使用的羊排，也可直接用羊腿肉或是羊腩肉做這道菜。因為羊排帶骨，所以烹煮需要的時間更久，但也更香。將羊肉燉得軟爛有三個要點：燉煮時間足夠久、放足夠多的水、鹽要最後放。放足夠多的水指的是加水時一次性多加一些，避免中途加水影響溫度，讓肉縮緊。鹽最後放，除了能更準確地調味，也能避免因為其脫水使得肉質水分外滲，肉質變老。

衍生食譜

葷素搭配的中式湯

粟米排骨湯

食材

○ 排骨 500 克
○ 粟米 1 根（切段）
○ 紅蘿蔔 1 根（切塊）
○ 蓮藕半根（切塊）
○ 薑片 3 片
○ 油 1 湯匙
○ 白醋 1 湯匙
○ 鹽 3 克

做法

① 把排骨切成塊狀，入鍋加冷水煮開，撇去浮沫，變色後撈出。
② 鍋中放油，炒香薑片和排骨，然後加水，放入粟米、紅蘿蔔、蓮藕、白醋一起煮，大火煮開後轉小火，燉大約 1 小時。
③ 煮好後，撒少許鹽即可出鍋。

番茄牛腩湯

食材

- ○ 牛腩塊 500 克
- ○ 番茄 4 個
- ○ 薑片 2 片
- ○ 料酒 2 湯匙
- ○ 生抽 2 湯匙
- ○ 蠔油 1 湯匙
- ○ 香葉 2 片
- ○ 鹽適量

做法

① 牛腩塊倒入鍋中，加冷水大火煮沸，撇去浮沫，盛出瀝乾。番茄用熱水燙一下後去皮，然後將一半分量的番茄切碎，另一半切成塊狀。

② 鍋中倒油，放薑片翻炒後倒入番茄碎，炒香。

③ 倒入適量清水，加入牛腩塊、料酒、生抽、蠔油、香葉，大火煮開後轉小火煮約 1 小時。

④ 放入番茄塊，加鹽調味，大火煮 10 分鐘即可出鍋。

黃豆豬蹄湯

食材

○ 豬蹄 1 個
○ 黃豆 50 克
○ 料酒 10 毫升
○ 大蔥 10 克
○ 薑 5 克
○ 鹽 2 克

做法

① 黃豆提前浸泡好，備用。豬蹄剁成塊，焯水。
② 湯鍋中放入豬蹄、黃豆、蔥、薑和足量的清水，大火煮開後撇去浮沫，蓋上鍋蓋，轉小火燉煮約 2 個小時。
③ 用鹽調味即可出鍋。

酸菜魚
家庭聚餐熱門菜

場合 / 正餐 • 主食　　用時 / 40 分鐘

　　知乎上有一個問題叫「酸菜魚為甚麼這麼火？」我認為，做酸菜魚最重要的，就在於「酸」。

　　這個酸並不是醋或者檸檬汁帶來的那種單一的酸味，而是來自酸菜、泡蘿蔔、泡薑、泡椒裏的複合酸味，由乳酸菌將蔬菜發酵而產生的多種風味才是酸菜魚的關鍵。

　　雖然說泡蘿蔔、泡薑可以用普通蘿蔔、普通薑加醋來代替，但如果能買到的話，還是用正宗的四川泡菜最好。

主料——
○魚肉 350 克＋魚骨 1 條　○芥菜酸菜 150 克
○泡蘿蔔 50 克（可用新鮮白蘿蔔代替）
○泡薑 50 克（可用普通薑代替）　○泡椒 30 克

調味料－麵糊用——
○鹽 1/2 茶匙　○胡椒粉 1/2 茶匙　○蛋白 1 個
○生粉 5 克　○油 2 湯匙

調味料－湯用——
○鹽 2 克　○胡椒粉 1 克　○糖 4 克

做法

① 將魚肉切成蝴蝶片,將鹽、胡椒粉、蛋白、生粉放入
碗中打散,之後加入魚肉,攪拌 1 分鐘,醃製 10 分鐘。

② 酸菜洗淨切小段,泡蘿蔔、泡薑切薄片,泡椒切圈。

③ 熱鍋放油，炒泡蘿蔔、泡薑片、泡椒，出香味後盛出。

④ 魚骨頭炒至金黃，然後將輔料倒入一起炒，再加入酸菜（魚肉的水分高於豬牛，容易爆油，需要小心）。

⑤ 在鍋中倒入大約 1 升熱開水,沒過所有食材。大火煮 5 分鐘,加鹽、胡椒粉、糖調味(如果用的是新鮮蘿蔔和普通薑,此時可以加 10 毫升白醋調味)。

⑥ 將火調小,然後下魚片推煮,變色後出鍋。

美味秘訣

① 魚肉切片和保證完整

　　直接買切好的魚肉片是最便捷的方式。如果想自己切片，可以切成「蝴蝶片」，切法和茄盒有點類似。第一刀切口不切斷，第二刀再切斷，這樣魚肉片會更大些。為避免影響口感，魚肉切好以後要再挑一遍刺。魚肉下鍋後，可輕輕用匙背推煮，避免散開。

② 煮出更白的魚湯

　　想煮出更白的魚湯，就要先明白這背後的道理。魚湯的奶白色其實是乳化後的脂肪微粒，充當乳化劑作用的是卵磷脂、明膠分子等蛋白質。所以，要想魚湯更白，一般都會先煎魚或魚骨，以增加脂肪。加熱開水大火煮沸，則可以更快地促進這一過程。

③ 泡蘿蔔、泡薑在哪買？

　　這道食譜中用到的不常見的「泡蘿蔔」、「泡薑」、「四川酸菜」其實在網購商城很容易買到。網購食材單一包裝的量都不少，所以如果買來一次用不完，要注意密封，避免氣味污染雪櫃。

補 充 知 識

常見水產品

　　下文的食材都叫「海鮮」並不十分準確，因為除了海裏的東西，我們還十分喜愛淡水出產的魚、蝦、蟹等，因此以下統稱「水產品」。

　　不同地區的人對於水產品的喜好和認知不同，產地和運輸條件的限制是造成這種區別的重要原因，比如在內陸地區的市場裏，常見海魚可能只有帶魚、鮁魚、黃花魚幾種；而在廣東的市場裏，單單石斑魚就分成老虎斑、東星斑、龍躉等十餘種。篇幅所限，我們只介紹常見且方便買到的水產品。

魚

　　中國人吃魚與歐美人有一個最大的不同：我們通常是整魚上桌，而西餐中的魚通常是一塊已經去頭、去尾、去刺的淨魚肉。所以在市場裏，傳統的魚都是整條販賣的，而近幾年開始流行的進口魚類，如三文魚、金槍魚、鱈魚等，常常是已經切好的魚塊。如果買到了一整條的魚，通常需要去鱗、去內臟才能下鍋，新手可以在買魚的時候讓商販幫忙處理。

　　購買淡水魚的時候應儘量選擇活魚現殺，如果買不到鮮活的魚，可以選擇冰鮮魚，冰鮮魚的質量往往要比冷凍魚好。冰鮮的意思是將活魚在碎冰塊中運輸保存，購買後可以直接洗淨蒸煮。冷凍則是將魚整條凍住，買回來後要解凍才能蒸煮。挑選冰鮮魚時以肉質緊實、有彈性、無異味為佳，新鮮度不佳的魚往往肉質鬆散，鱗片一碰就掉，聞起來有濃重的腥臭味。

【常見淡水魚】（括號裏的是別名）

鯽魚

　　肉質細嫩，但是刺比較多，所以一般用來做湯，或直接用油長時間炸酥、炸透，連骨一起吃。

鱅魚（花鰱 / 胖頭魚）

　　鱅魚的魚頭佔了魚身的很大部分，脂肪充足，有豐富的膠原蛋白，最適合用來做剁椒魚頭等。

草魚（鯇魚）

　　草魚的肉質和味道與飼養環境緊密相關，因此在不同的地區買到的草魚會有不同的特性，但都有較多的刺。最為特別的草魚是在廣東地區用蠶豆喂出的「脆肉鯇」，吃起來格外爽脆。

鯉魚

　　鯉魚與上面的鯽魚，還有「四大家魚」：青、草、鰱、鱅相似，它們共同的特徵是刺多，不喜歡挑刺的可以避開這些魚，或者只用它們來燉湯。鯉魚有較重的土腥味，對於廚房新手來説，不推薦。

黑魚（烏魚 / 生魚）

　　黑魚的刺比鯉魚少，價格也親民，是飯館裏最常見的魚，可水煮、紅燒和做酸菜魚。

鱸魚，鱖魚（桂魚），筍殼魚

　　這三種魚都有肉質細滑、刺少、氣味較淡的特點，因此非常適合用來清蒸，吃魚的本味。

羅非魚

羅非魚與鯽魚相似，但刺較少，用來煎、焗都很合適。

黃辣丁（黃骨魚 / 昂刺魚）

肉質軟嫩，適合涮火鍋，或者與豆腐一起燉。

鯰魚

鯰魚油脂含量很高，有一些土腥味，適合用來紅燒。

【常見海水魚】

鮁魚（馬鮫魚）

鮁魚肉質厚實，刺很少，適合將魚肉剔下來做魚丸或餃子餡兒。切片後紅燒、乾煎也很好吃。

帶魚（刀魚）

帶魚價格便宜、運輸方便、肉多刺少，是最為常見的海魚之一。帶魚身上有一層薄薄的銀色油脂，隨着新鮮度下降會慢慢失去光澤。新鮮的帶魚適合清蒸，而新鮮度稍差的帶魚適合紅燒或乾煎。

鯧魚（平魚）

這兩種魚肉質細滑、價格親民，且不需要做太多的處理，直接整魚下鍋，清蒸、紅燒均可。

石斑魚，比目魚（包括多寶魚、鴉片魚等）

這幾種魚肉質潔白，沒有多餘的異味，但價格較高。撒一點豉油清蒸是最好的烹飪方式。

秋刀魚，青花魚

日本料理中較為常見的兩種魚，因為油脂豐富，可以直接撒鹽焗製，香味撲鼻。

三文魚，金槍魚

質量上乘的三文魚和金槍魚都是可以生食的，直接蘸芥末醬油就可以。在西餐中，這兩種魚也經常出現，不管是煎還是焗，都是主菜中的蛋白質擔當。此外還可以切碎後拌沙律，生熟皆可。

鱈魚，龍利魚

這兩種魚是近幾年開始流行的進口魚肉，一般也是以切好的淨肉方式售賣，不可生食。因為肉質乾淨，氣味很淡，儲存方便，適合新手烹煮。但注意不要買到假冒鱈魚的油魚，食用後可能會造成腹瀉。

章魚

章魚一般有大小兩種。小章魚也叫「八爪魚」，常見於日本料理中，韓國人會生吃小章魚，我國沿海地區會炒着吃，口感又脆又軟。

大章魚個頭很大，我們一般能買到的都是切分好的一條腕足。章魚肉質特殊，處理不好吃起來會很硬，需要提前軟化才能食用。在日本料理店中，通常有一個學徒專門負責處理章魚，需要學徒大力揉搓章魚 1 個小時以上，直到它變得軟弱無力。但我們在家中處理時，用肉錘大力捶打 15~20 分鐘即可。

烏賊（墨魚／花枝），魷魚

魷魚是烏賊的一種，此處放在一起介紹。處理時，首先要捏住觸手部位往外拔，將觸手與腦袋分開。在觸手中間有個圓盤似的硬東西（有人叫它「嘴」和「牙」），需要去掉。烏賊的腦袋內部有一片半透明的內骨骼，也要去掉。最後，將眼睛和墨囊去掉，並撕掉最外層的皮，清洗乾淨。

烏賊中有一些種類個頭較小，肉較嫩，如「海兔」、「小管」等，這些可以直接下鍋白灼，甚至不用清理內臟和外皮就可以吃，口感軟嫩，略帶嚼勁。

而個頭較大的種類，就需要經過上述處理之後，繼續用肉錘捶打。

蝦
蟹

海蝦（包括海白蝦、對蝦、基圍蝦、黑虎蝦等）

不同種類的海蝦在個頭大小、肉質上略有區別，但處理方式都差不多，最大的難點在於去除蝦線。

有兩種方法可以去除蝦線：

1. 用菜刀或剪刀，在蝦背上開一道口子（俗稱「開背」），用手將蝦線取出。

2. 如果想保持蝦身的完整，可以用牙籤紮入蝦的第二節，將蝦線挑出。

購買蝦時以在水中活躍遊動為佳。挑選冰鮮蝦時，可以將蝦尾拿起晃動幾下，死亡時間太久的蝦會變得鬆散，晃動幅度較大。還可以按壓蝦身，肉質緊實為佳，不好的蝦會有一種一捏全是水的感覺。

不管甚麼種類的蝦，只要足夠新鮮，白灼就很好吃。但蝦的做法十分多樣，油燜大蝦、天婦羅炸蝦都是蝦的經典做法。

龍蝦

　　小龍蝦處理起來比較麻煩，買回家後首先需要用清水養半天以上，並時不時換水，讓小龍蝦吐出胃裏的髒東西；然後需要用牙刷將身體各個縫隙的泥沙都刷洗乾淨，接着捏住蝦尾三瓣中的中間一瓣抽出蝦線。在處理過程中為了防止蝦鉗夾到人，需要用手緊緊捏住小龍蝦的身子。

　　新手可以試試以下方法：

　　1. 用剪刀剪掉蝦鉗子。

　　2. 用約 45℃ 的熱水將小龍蝦燙暈。

　　3. 用高度白酒將小龍蝦醉倒。

瀨尿蝦（蝦爬子 / 蝦姑）

　　挑選瀨尿蝦的方法與海蝦類似，以鮮活、肉質飽滿、身體緊實為佳。瀨尿蝦的蝦殼中有不少堅硬的刺，容易劃傷手，吃的時候可以用剪刀輔助剪開。

　　瀨尿蝦做法多樣，白灼、椒鹽、香辣皆可，蝦肉做餃子餡兒也是不錯的選擇。

大龍蝦

　　大龍蝦有兩種：帶大鉗子的是波士頓龍蝦，沒有大鉗子的就叫龍蝦。大龍蝦處理起來比小龍蝦簡單，首先也是刷洗乾淨，然後分兩種方法：

　　1. 如果是西餐做法，直接將龍蝦整隻放入開水中煮 1~2 分鐘，取出放入冰水中，曬涼後可以剪刀和手並用來剝出龍蝦肉，然後再選擇煎、焗或煮。

　　2. 如果是中餐做法，先用一根筷子從蝦尾一直戳到腦部，將龍蝦「放尿」（即放出龍蝦血），然後用菜刀將蝦頭、鉗子、蝦身分開，將蝦身切開，去除蝦線，再下鍋炒。

海蟹

梭子蟹是價格最親民的也是最為常見的海蟹,鮮味足,但肉質比較鬆散。青蟹肉質細膩,味道鮮甜,但蟹殼較硬。帝王蟹風味最佳,烹飪簡單,
但價格較高。新手廚師們可以根據各自的需要來選擇。

河蟹,大閘蟹

大閘蟹知名度高,公蟹蟹膏豐腴,母蟹蟹黃飽滿。秋天是吃大閘蟹的最佳季節,因為此時蟹身體裏的蟹黃、蟹膏最為豐富。除了清蒸,大閘蟹還可以用來炒年糕,糟醉蟹、面拖蟹也是常見的做法,而將蟹黃蟹膏單獨用豬油炒製的禿牛油更是極品美味。

螃蟹在下鍋前都要仔細刷洗,清除身上的泥沙。吃的時候,要去掉蟹腮、蟹心以及肚子上的殼,再慢慢品味。

貝殼

蟶子

蟶子味道鮮甜,做法多種多樣,椒鹽、葱油、鹽焗等都是非常簡單而又美味的方式。要注意的是,蟶子肉周邊有一圈黑色的東西,吃的時候要撕掉。

花蛤(花甲)

花蛤是我國最常見的貝類海產,在市場中常年有售,並且價格不高。花蛤在夏秋季節最為肥美,無論是葱薑炒、辣炒,還是蒸雞蛋、煮湯,味道都很鮮。

做花蛤最頭疼的問題是清理沙子。

有兩種方法可以幫助清理沙子：

1. 如果時間緊迫，可以將花蛤放入開水中燙到微微開口，然後馬上在流水下輕輕晃動沖洗。這樣可以去掉一部分沙子，但可能會損失一部分鮮味。

2. 時間足夠的情況下，可以將花蛤在鹽水（1 升水中加入 20 克鹽）中浸泡 1~3 小時，保持水面稍微蓋過花蛤，讓花蛤在不受打擾的情況下自行吐出沙子。

關於吐沙，網上流傳有各種方法，如在水中滴油、加醋、大力晃動等，但這些方法反而會讓花蛤感到緊張而閉緊雙殼，甚至直接死亡，不推薦使用。

扇貝

扇貝是「燒烤天王」，不管是加粉絲、蒜蓉或是蔥花，直接放在明火上面烤，用它自己的殼做容器加熱，即可食用。

西餐中也經常用到扇貝，但通常只取裏面的貝柱，快速煎到上色，保持裏面還是軟嫩的狀態。

青口（貽貝 / 海虹 / 淡菜）

青口肉質偏緊，在西餐中用到較多，西班牙海鮮飯上面張開的黑色貝殼就是它。青口的貝殼上生有足絲，在下鍋前要去掉。

生蠔（牡蠣 / 海蠣子 / 蠔）

生蠔鮮味突出，所以我國人民發明了「蠔油」來保存其鮮味。質量上乘的生蠔可以直接生吃，味道鮮甜。個頭較大的生蠔也可以烤着吃，較小的生蠔也叫海蠣子、蠔仔，可以煮湯、炒菜，還可以製作福建、台灣地區著名小吃「蚵仔煎」。

衍生食譜

家常極鮮魚料理

清蒸鱸魚

食材

○ 鱸魚 1 條
○ 薑 5 克（切絲）
○ 大蔥 5 克（切絲）
○ 料酒 1 湯匙
○ 鹽 5 克
○ 蒸魚豉油 1 湯匙

做法

① 魚處理乾淨後，放料酒、鹽、少量薑絲、少量蔥絲醃製 10 分鐘，控乾。
② 水燒開後，將魚放入蒸鍋，蒸 8 分鐘，然後沿盤邊澆入蒸魚豉油，繼續蒸 2 分鐘。
③ 將剩餘蔥絲、薑絲放在魚上，在炒鍋中燒熱 2 湯匙明油，淋到魚上即可。

鯽魚燉豆腐

食材

○ 鯽魚 1 條
○ 北豆腐 1 塊（切大塊）
○ 薑 2 片
○ 蔥 2 根（切段）
○ 鹽 3 克
○ 油 2 湯匙

做法

① 魚處理乾淨後（建議在購買時讓魚販幫忙處理好，既省時又省力），兩面各斜刀切 3~4 刀，便於入味。

② 鍋中放油，將魚煎至兩面焦黃，放入薑、蔥炒香，然後倒入開水直到沒過魚。

③ 蓋上鍋蓋，大火燉約 20 分鐘，燉至湯色變白後，放入豆腐塊燉 10 分鐘，再以鹽調味即可。

宮保雞丁

據說花生比雞丁好吃

場合 / 正餐 • 主食　　用時 / 20 分鐘

　　如果讓一個北京人和一個四川人同時做宮保雞丁，兩人可能會在廚房裏起爭執：一個説要放青瓜丁和紅蘿蔔丁，一個説要放萵筍。這時候如果再來一個山東人説「宮保雞丁是魯菜」，估計會直接「引戰」。

　　拋開流派不説，宮保雞丁最基本的三個原料是：雞丁、花生、葱段。雞肉加熱時間過久會很容易使其口感變老，所以整道菜的炒製過程要非常迅速，不宜超過 3 分鐘。建議新手將所有原料都備好後再開火，防止臨時找東西手忙腳亂，誤了火喉。

食材

主料——
○去骨雞腿肉或雞胸肉 300 克　　○熟花生米 20 克

調味料——
○乾辣椒 2 根　　○葱白 1 根

調味料－醃製肉——
○鹽 1 克　　○生粉 1 湯匙　　○料酒 1.5 湯匙
○生抽 1 湯匙　　○老抽 1/2 茶匙

調味料－成菜用——
○生抽 1 湯匙　　○香醋 1 湯匙　　○糖 15 克
○生粉 1 湯匙　　○水 2 湯匙　　○胡椒粉 1 茶匙

做法

① 將雞肉切成 2 立方厘米的肉丁。如果是雞腿肉，可先去掉表面多餘的筋膜和脂肪，以免影響口感。

② 在碗中加生粉、料酒、生抽、鹽，攪拌均勻後放入雞丁，用手抓勻，醃製 15 分鐘（此步驟可讓雞肉外層形成保護膜，防止變乾硬）。

③ 乾辣椒、葱白切小段。

④ 在碗中放生抽、香醋、糖、水、生粉、胡椒粉、老抽（上色用），混匀調汁。

⑤ 鍋中熱油，倒入乾辣椒和葱白煸香。

⑥ 放入雞丁翻炒（炒至上色即可），加調汁，收鍋前放入花生。

美味秘訣

① 自製酥脆花生米

很多人認為，宮保雞丁中最好吃的是花生而非雞丁，所以自製酥脆的花生米也是很有趣的體驗。準備一個已放入廚房紙的小碗，讓花生酥脆的秘訣是將生花生米冷油下鍋，中小火炒至變脆（外表略微變黃），放入碗中待用即可。（去掉花生紅皮的兩種方法：一種是用開水燙生花生，去皮後瀝乾；另一種是炸好曬涼，再剝去紅皮。）

② 「宮保」系列還能這樣做

解構宮保雞丁這道菜，可以分成「醃製」、「調汁」和「炒製」三個步驟。醃料和調味汁做法不變，將雞丁換成其他食材也是可行的。比如宮保蝦球，就是用蝦仁代替雞丁，醃製時可適當減少用時至5分鐘左右，然後用同樣的方式烹調，也可搭配杏仁、夏威夷果等堅果。

補 充 知 識

雞肉常見部位區分及做法

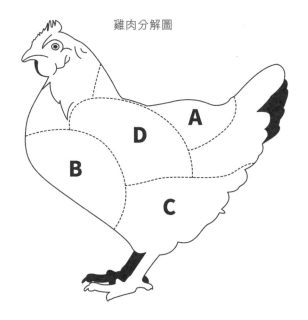

雞肉分解圖

A **雞背**：雞骨架

B **雞胸**：雞大胸、雞小胸

C **雞腿**：全腿（腿肉塊＋琵琶腿＋雞爪）

D **雞翅**：全翅（翅尖＋翅中＋翅根）

整雞

家庭烹飪用的整雞，一般個頭不大，可用來整隻焗或燉。買回整隻雞後，一定要先將表皮以及內臟清洗乾淨，再進一步處理。

雞背

雞骨架上肉比較少且分佈零碎，一般用來做醬雞架或炸雞架。但由於這兩種做法準備起來比較複雜，且雞架在市場裏也比較少見，所以一般不會在家裏烹飪。

如果你恰好買了一隻整雞自己處理，又剩下一些骨架的話，用這些滋味濃郁的骨架熬製雞湯則是絕佳的選擇。

雞胸

雞大胸是一個大三角塊，雞小胸是附着在大胸上的一豎條肉，也就是雞的裏脊。雞胸肉很嫩，雞小胸（如下圖）比雞大胸更嫩一些，價格也更貴。現在在超市能買到的雞胸肉，大多做了去皮處理，因此是純瘦肉，基本沒有油脂（油脂是雞肉中黃色半透明的部分，可以用刀刮掉）。雞胸肉纖維清晰，肉質密實，很容易做切分處理。

如果直接烹製雞胸肉，煎或者煮都可以。如果雞胸肉過於厚實，則推薦用煮的方式，避免煎的時候外皮已經焦糊，而裏面還是生的。

雞腿

　　一個完整的雞全腿是手槍狀的，由腿肉塊、琵琶腿和雞爪 3 部分組成。和雞胸肉相比，雞腿肉中筋膜較多，而且有骨頭，處理起來比較麻煩，難以切成均勻的塊狀。但是相比於雞胸肉，雞腿肉的口感更好，不會太乾硬，味道也更香。如果烹飪完整的雞腿肉，需要較長的時間。

雞翼

　　雞全翼分為 3 個部分，從靠近雞身向外延展，依次為翼鎚、雞中翼和雞翼尖。通常買到的都是切割好的雞鎚和雞中翼。雞鎚長得有點像琵琶腿，但體積要小很多。雞鎚肉比較多、比較香，基礎的做法是紅燒。烹調雞鎚時，最好先用刀劃出口子，方便入味。與雞鎚相比，雞中翼肉均勻且薄，易熟易處理。

雞絲涼麵
四季皆宜的清爽麵食

場合 / 正餐 • 主食　　用時 / 20 分鐘

　　雞絲涼麵並不能算是一道「快手」的菜，雖然做法很簡單，但所有的配料洗洗切切卻非常費時。那我們為甚麼還要介紹這道菜呢？

　　做過菜的人都知道，夏天的廚房只要開火，就會汗如雨下，太讓人痛苦了，而雞絲涼麵這道菜，加熱的環節很少，並且它並不是製作過程非常緊湊的菜，雖然要洗洗切切，但做累了可以隨時將半成品放入雪櫃休息一下。對於夏天來說，這樣的主食最是合宜。

主料——
○雞胸肉 1 塊　　○鮮麵條 150 克　　○鹽 1 湯匙
○木耳 50 克　　○紅蘿蔔 1 根　　○青瓜 1 根
○香菜 2 根　　○小米辣 1 根　　○熟白芝麻 2 克

調味料——
○薑 2 片　　○料酒 10 毫升　　○麻油 5 毫升
○麻醬 20 克　　○醋 5 毫升　　○生抽 10 毫升
○白糖 3 克　　○胡椒粉 1 克（可選）　　○清水 50 毫升

做法

① 木耳提前在清水裏泡發。洗淨後在熱水中焯幾秒鐘，取出瀝乾。

② 紅蘿蔔去皮切絲，木耳、青瓜切絲，小米辣切小段。

③ 雞胸肉、薑片、料酒冷水下鍋，將肉煮熟。

④ 將雞胸肉按肌理撕成條。

⑤ 煮一鍋開水，加 1 湯匙鹽，下麵條，煮熟後瀝乾，過涼水，拌麻油（避免黏住）。

⑥ 拌醬料，根據麻醬買回來的稀稠狀態，一匙一匙地加水攪拌。

⑦ 在碗中放入涼麵、雞絲、配菜，澆上醬料，然後用香菜、小米辣、白芝麻點綴。

美味秘訣

煮雞胸肉的火喉

　　雞胸肉冷水下鍋，煮到水開後，一定要轉小火，再煮 8 分鐘左右，避免乾硬。挑選雞胸肉時，最好選厚度為 2.5 厘米以內的肉，儘量別選太厚的肉，否則火喉難掌控。煮好的肉取出曬涼時，可蓋上保鮮紙避免表皮過於乾燥。

衍生食譜

麵條料理

炒即食麵：健康少油版街頭美食

食材

○ 即食麵 1 袋
○ 香腸 2 根（切條）
○ 雞蛋 1 個
○ 小棠菜 1 把
○ 油 1 湯匙
○ 生抽 2 湯匙

做法

① 即食麵在沸水中煮至 8 分熟，取出過涼水。
② 熱油起鍋，倒入蛋液，炒成塊狀後取出，放入即食麵。
③ 然後放入香腸、油菜、雞蛋一起翻炒，加生抽調味。

葱油拌麵：刺激食慾的簡單料理

食材

○ 鮮麵條 100 克
○ 小葱 1 把（切段）
○ 油 80 毫升
○ 生抽 80 毫升
○ 糖 30 克

做法

① 小葱段放入油中，保持小火，不停翻動，炸至微黃髮乾。
② 關火，放生抽、糖，再煮開一次即可出鍋密封保存。
③ 煮好麵後瀝乾水，拌入葱油即可。

海鮮烏冬麵：日式高湯的智慧

食材

○ 烏冬麵 1 袋
○ 日式高湯 600 毫升
○ 味醂 2 湯匙
○ 清酒 2 湯匙
○ 蝦 3 隻
○ 花蛤 100 克
○ 油豆腐 2 塊
○ 即食紫菜 2 片
○ 小葱 1 根（切葱花）

做法

① 烏冬麵按照包裝要求煮好備用，蝦和花蛤煮熟備用。
② 在高湯中放味醂、清酒、葱花，中小火煮 3 分鐘左右，以鹽調味，然後和麵條倒在一起，放上蝦、花蛤、油豆腐、即食紫菜。

冷麵：夏日解暑必備

食材

- ◯ 冷麵 1 袋
- ◯ 醬牛肉 5 片
- ◯ 雞蛋 1 個（煮熟）
- ◯ 辣白菜 20 克（切塊）
- ◯ 番茄半個（切片）
- ◯ 青瓜 1 根（切絲）
- ◯ 純淨水 500 毫升
- ◯ 米醋 2 湯匙
- ◯ 糖 1 湯匙
- ◯ 鹽 2 克
- ◯ 生抽 1 湯匙

做法

① 製作冷麵湯：純淨水（或牛肉湯）、米醋、糖、鹽、生抽混合，冷藏保存。

② 冷麵按照包裝說明煮好，過冷水後放入碗中，擺上青瓜絲、番茄片、辣白菜、醬牛肉和煮雞蛋，然後倒入冷麵湯。

青菜丸子湯
秋冬時節的一大碗酣暢淋漓

場合 / 正餐 • 主食 　　用時 / 40 分鐘

　　對上班族來說，動輒花上兩三個小時煲一鍋湯並不是很有價值的選擇，而簡單清爽的青菜丸子湯一樣可以讓晚餐更豐盛。

　　對新手來說，擠丸子是一個需要練習的過程。而一旦熟悉之後，就可以一次性做一批丸子，冷凍保存。以後就無需解凍直接下鍋，方便許多。

　　製作丸子可以使用各種肉類和配料，但要注意：肉類中，雞肉比豬肉和牛肉脂肪含量少，因此如果用雞肉做丸子的話，要加入額外的油來保證口感順滑不發柴。另外，如果加入紅蘿蔔之類的蔬菜，切成蔬菜丁之後，需要用手擠出水分或者用鹽「殺」出水分，否則水分過多會導致丸子變散無法成形。

主料——
○豬肉碎 300 克　　○北豆腐 150 克
○油菜（或小白菜）1 把

調味料——
○薑 5 克　　○生粉 10 克　　○蛋白 2 個
○黑胡椒粉 2 克　　○鹽 2 克　　○料酒 10 毫升

做法

① 薑切粒，青菜洗淨，北豆腐泡
開水去腥。

② 將肉碎、豆腐、薑粒、生粉、
黑胡椒粉、鹽、料酒放入盆中，
用手捏到一起。

③ 打入蛋白，用手攪勻上勁。

④ 鍋中放油，爆炒香葱片，然後加冷水煮沸。

⑤ 調成中小火，用手取餡製作丸子，放入鍋中煮至浮起。

⑥　撇去浮沫，在湯中放入青菜，煮至變軟、顏色變青翠，
　　加鹽調味，出鍋。

美味秘訣

①　**肉餡的預處理**

　　　　肉餡可以用來直接炒菜或是做丸子。在做丸子
　　時需要加水、料酒、生粉等，是為了更好地成團，
　　如果是下鍋翻炒則不用加。

②　**製作肉丸子**

　　　　製作丸子有兩種方法，一種用匙，另一種用手。
　　用匙子之前，準備一小碗清水，匙子發黏的時候就
　　涮涮。可用匙子直接從餡料中挖出圓形，但這種方
　　法挖出的丸子美觀性較差，且大小不好統一。用手
　　做丸子則較易形成規矩的球狀，這時要用到虎口部
　　分，方法是取肉餡放手心，再從虎口擠出，再借助
　　匙子推到鍋中。

衍生食譜

肉餡的花樣料理

炸茄盒：外焦裏嫩的「懶人菜」

食材

- ○ 長茄子 2 個（選擇口徑較粗、勻稱的長茄子）
- ○ 豬肉餡 200 克
- ○ 蛋白 1 個
- ○ 生粉 10 克
- ○ 生抽 1 湯匙
- ○ 薑粒 3 克
- ○ 五香粉 1 茶匙
- ○ 料酒 10 毫升
- ○ 蔥薑水 10 毫升
- ○ 油適量
- ○ 麵粉、生粉各 1 小碗

做法

① 將肉餡和蛋白、生粉、生抽、薑粒、五香粉、料酒、蔥薑水混合。

② 取一個碗放麵粉、生粉，加清水攪勻成糊。

③ 茄子切茄夾，放入肉餡，抹上麵粉糊，油六成熱的時候下茄盒，炸至金黃。將油溫升至九成熱，複炸一遍使表面酥脆。

尖椒釀肉：把肉香釀入蔬菜中

食材

- ○ 尖椒 4 個
- ○ 豬肉餡 200 克
- ○ 蛋白 1 個
- ○ 生粉 10 克
- ○ 生抽 1 湯匙
- ○ 薑粒 3 克
- ○ 料酒 10 毫升
- ○ 蔥薑水 10 毫升
- ○ 豆瓣醬 3 湯匙
- ○ 油 2 湯匙

做法

① 豬肉餡和蛋白、生粉、生抽、薑粒、料酒、蔥薑水混勻待用。

② 切去尖椒根部，然後劃開一個口，將餡料塞進去，再以更多生粉封口。

③ 鍋中熱油，先煎尖椒至出現虎皮狀態，然後取出，炒香豆瓣醬，放回尖椒，加一碗清水，蓋上鍋蓋燜 15 分鐘即可。

黑三剁：雲南特色下飯菜

食材

- ○ 肉餡 200 克
- ○ 玫瑰大頭菜 150 克（切碎）
- ○ 薑粒 1 湯匙
- ○ 洋蔥 1/4 個（切粒）
- ○ 青紅椒各 1 根（切丁）
- ○ 料酒 1 湯匙
- ○ 生抽 1 湯匙
- ○ 蠔油 1 茶匙
- ○ 油 2 湯匙

做法

① 炒香玫瑰大頭菜，炒乾後取出待用。
② 鍋中放油，炒香薑粒、洋蔥粒，然後放肉餡炒至上色，放玫瑰大頭菜、青紅椒，並以料酒、蠔油、生抽調味。

酥炸蘑菇
既是小菜，也是零食

場合 / 正餐 • 主食　　用時 / 20 分鐘

油炸類食物一般可以分為三種：

一種是不需要裹漿直接炸。一般是馬鈴薯、番薯這樣的根莖類，以及肉丸子、春卷等。這類食材的含水量不會特別高，炸後也能自己保持一定的形狀，不會散開。

二是裹麵糊炸。麵糊可以形成一個脆殼包住食材，一方面，脆殼可以鎖住水分，讓內部的食材柔軟不發乾；另一方面，麵糊在油炸後也為食物提供了特殊的香味。這道炸蘑菇就用了這種方法，另外炸鮮奶、炸茄盒、炸酥肉，以及日式的天婦羅，都是裹的麵糊。

三是裹漿後再裹一層乾料炸。常見的「乾料」有麵包糠、麵疙瘩（麵糰捏成一小塊），還有直接裹麵粉的。乾料在油炸之後十分鬆脆，能形成非常香脆的口感，與內裹的食材形成鮮明對比。炸豬排、炸雞翅、可樂餅，以及「萬物皆可炸」系列中的油炸雪糕、炸奧利奧餅乾等，都是這種裹漿法。

食材

主料——
○平菇 200 克

調味料——
○雞蛋 1 個　○麵粉 30 克　○生粉 30 克　○鹽 1/2 茶匙
○五香粉 1/2 茶匙　○油 1 大碗　○椒鹽 1 小碟

做法

① 平菇清洗乾淨，在開水中煮1分鐘焯水，變軟即可取出（蘑菇的水分很多，焯水是為了逼出水分，方便之後下油鍋）。

② 擠乾水分，將平菇撕成條（平菇水分很多，要儘量擠乾）。

③ 將麵粉、生粉、鹽、五香粉放碗中，拌入雞蛋，再以清水調麵糊：筷子抬起，有黏稠度地往下掉的程度。將蘑菇浸入。

④ 鍋中放油，六成熱的時候第一次炸製（六成熱的時候，麵糊會稍稍下沉，過幾秒後會再浮起來），炸至上色，取出控油。

⑤ 油溫升高（稍微有點冒煙後），拿漏匙放入蘑菇複炸（一放入就會浮起來），10 秒左右變金黃色取出。

⑥　可在蘑菇表面撒鹽，或是配椒鹽蘸着吃（自製椒鹽蘸料：鹽＋花椒面＋辣椒面 =3：1：1）。

① 做好炸東西的準備

　　第一次炸東西，建議兩個人合作，一個人主要負責炸的操作，另一個人負責準備所需工具和判斷炸的程度與火喉。在進行油炸前，先將廚房紙、夾子、圍裙、手套準備好。油炸時不要害怕。準備時記得儘量擠出食材水分。另外要牢記，剩餘的油不能直接倒入水槽，會造成堵塞，可以放涼後再作為廚餘垃圾進行處理。

② 為炸品調好麵糊

　　麵糊中麵粉和生粉的比例建議調成 1：1，純用麵粉容易成糰，純用生粉會分層，掛不住。加清水時，要一點一點地加，可以稠一點，太稀的話，油炸時會使麵糊和平菇分離。

補 充 知 識

常見菌菇

香菇 / 花菇 / 冬菇

香菇是中國最常見的蘑菇，花菇和冬菇是香菇的一種。相比新鮮香菇更易儲藏，是烹飪常備「乾貨」。香菇的香味很濃，而且乾香菇比鮮香菇味道更濃。香菇幾乎適用於各種做法，可以整個蒸煮，也可以切片、切末，煮、煎、炒均可。

乾香菇的泡發方法：將乾香菇放在小碗中，倒入冷水，等待約 30 分鐘即可。如果時間緊急，可以用開水泡發，約 5 分鐘即可。泡發後的香菇水可以留下來，可以在煮湯或者炒菜時用來提鮮。

雙孢菇 / 蘑菇

西餐中最常見的蘑菇，英文名甚至就叫作CommonMushroon。用法跟香菇一樣百搭，只是一般都用新鮮的，不需要泡發。雙孢菇味道較清淡，所以經常作為輔助配料使用。

新鮮雙孢菇的質感比新鮮香菇脆，因此處理香菇時需要用手將菌柄擰下來，而處理雙孢菇時只需輕輕用手一掰，就可以將菌柄和菌傘分離。

金針菇

　　由於金針菇中含有真菌多糖，在人體內不容易被分解吸收，所以經常能保持完全體穿腸而過。儘管如此，金針菇依然與火鍋是絕配。而因為它外形細細長長又容易熟，用煙肉捲起來煎着吃也是頗為流行的做法。

　　金針菇可以說是處理起來最簡單的蘑菇，只要清洗乾淨，將根部切除即可。

杏鮑菇

　　杏鮑菇肉質肥厚，不易入味，因此比較適合切薄片或切絲炒製。

平菇

　　平菇是非常大眾化的一種蘑菇，味道清淡，價格便宜。酥炸蘑菇中用到的就是平菇。

　　處理方法：洗淨後，切去帶土的根部，將剩下的部分用手撕成小朵即可。

草菇

　　草菇長得圓滾滾的，非常可愛，味道也尤為鮮美。草菇切開後，內部帶有一道縫隙，特別容易吸收醬汁，因此適宜搭配不同食材清炒。

　　處理方法：用手將草菇的底部摳淨，或用刀切除。有的人覺得草菇直接煮熟後有一股怪味，那就可以先用開水焯燙一遍，瀝乾後再用。

竹蓀

　　竹蓀長得有點像小條海綿，有一張白色的網，煮好後易吸收湯汁。竹蓀味道清淡，適合與雞湯、鵝湯等不會搶味的材料同煮。

　　處理方法：如果是乾竹蓀，可用冷水泡發20分鐘左右，然後洗淨泥沙，切除根部。竹蓀久煮會喪失爽滑口感，因此需要在最後下鍋，煮的時間不要超過20分鐘。

衍 生 食 譜

輕量級炸物

炸洋葱圈：看劇休閒好伴侶

食材

○ 洋葱 2 個
○ 麵粉 30 克
○ 生粉 30 克
○ 啤酒 70 毫升
○ 鹽 1/2 茶匙
○ 麵包糠 100 克

做法

① 洋葱去皮，切成 1 厘米厚的圈，去除洋葱圈的薄膜，方便掛糊。（切洋葱前，先把洋葱放雪櫃冷藏半小時，取出再切就不那麼辣眼睛啦。）
② 調麵糊：麵粉、生粉、鹽放碗中，倒入啤酒調麵糊。
③ 在洋葱圈上掛一層麵糊，再放入麵包糠中，要確保內外都覆蓋到。
④ 將洋葱圈放入七成熱的油鍋中，炸至金黃色後撈出控油即可。

食材

○ 大蝦 10 個
○ 雞蛋 1 個
○ 生粉 30 克
○ 麵包糠 50 克
○ 料酒 1 湯匙
○ 鹽 1/2 茶匙

做法

① 大蝦去頭剝殼去蝦線，留下蝦尾。用刀在蝦的腹部等距離輕劃 3 刀，但不切斷，以防止蝦在炸製中彎曲。撒鹽備用。
② 將雞蛋放入碗中打散，把生粉和麵包糠分別放入另外兩個碗中。
③ 將醃好的大蝦依次裹上生粉、雞蛋液和麵包糠。放入燒至七成熱的油鍋中，下鍋炸至金黃色撈出控油即可。

日式炸蝦：更清爽的炸蝦做法

炸香蕉：水果炸完，別具風味

食材

○ 香蕉 5 根（去皮切兩半）
○ 雞蛋 1 個
○ 麵包糠 50 克
○ 麵粉 50 克

做法

① 將雞蛋放入碗中打散，把麵粉和麵包糠分別放在不同的碗中。
② 將香蕉依次裹上麵粉、蛋液、麵包糠，插上木籤。
③ 放入燒至七成熱的油鍋中，下鍋炸至金黃色撈出控油即可。

炸酥肉：可小食，也可涮肉

食材

○ 豬柳 250 克
○ 生抽 2 湯匙
○ 料酒 2 湯匙
○ 薑絲 5 克
○ 鹽 1 克
○ 麵粉 50 克
○ 生粉 50 克
○ 雞蛋 1 個

做法

① 將豬柳切成細條，倒入碗中，加入生抽、料酒、薑絲和鹽，醃製 30 分鐘以上。
② 調麵糊：混合麵粉、生粉、雞蛋液和少許清水，攪拌成糊。去掉薑絲，將醃好的豬柳放入麵糊裏掛糊。
③ 將豬柳一條一條地放入燒至七成熱的油鍋中，油炸至微黃後撈出。待油燒到九成熱後，再下鍋炸至金黃色後撈出控油即可。

油燜大蝦
用吮指的方法攝入蛋白質

場合 / 正餐 • 主食　　用時 / 15 分鐘

新手面對海鮮類菜餚，第一個犯愁的問題就是：要怎麼挑選？

不過放心，油燜大蝦這道菜，不需要考慮蝦的種類，普通海白蝦也可以，基圍蝦也沒問題。活蹦亂跳的蝦最好，冰鮮的蝦也可以做。

蝦頭能不能吃？蝦頭部包括蝦的肝胰腺、生殖腺和消化器官，不僅可以吃，而且非常美味。但蝦頭也是重金屬富集的部位，有顧慮的話就得少吃。如果不吃蝦頭的話，也不要扔掉，可以用來熬鮮美的蝦油。

主料——
○蝦 10 隻　　○檸檬半個（可選）

調味料——
○葱 10 克　　○薑 3 片　　○油 3 湯匙　　○料酒 1 湯匙
○白醋 1/2 湯匙　　○生抽 1/2 茶匙　　○鹽 1 克
○糖 5 克　　○番茄醬 2 湯匙

做法

① 剪斷蝦鬚、蝦腳，去掉蝦線。　　② 蔥切斜片，薑切片。

③ 鍋中放 3 湯匙油，中火燒熱，放蝦煎至變色、變脆，稍微按壓蝦頭使
　其出蝦油，然後盛出蝦。

④ 薑、蔥炒香後，將蝦倒回去。

⑤ 加料酒、白醋、生抽、鹽、糖、番茄醬，翻炒後加清水 50 毫升。蓋上
鍋蓋，小火燜 5 分鐘。

⑥ 湯汁收縮至濃稠，翻炒出鍋。用檸檬塊裝飾。

美味秘訣

① 挑到新鮮的蝦

　　挑蝦的時候，要選蝦肉飽滿的蝦。新鮮的蝦的蝦線是一整條，如果去除得乾淨，不需用水沖洗。洗好的蝦記得瀝乾，不瀝乾可能會爆油。

② 去除蝦線

　　蝦線是蝦的消化腸道，存有髒東西，且帶有腥味，影響口感，食用前最好去除。先剪開蝦背，可以距離中間線稍微偏一點，避免剪斷蝦線。挑出蝦線，然後沖洗乾淨。用刀開蝦背更容易使蝦入味，新手可以用剪刀開蝦，也可以不開，煮熟以後再挑。

好吃不貴的海鮮料理

爆炒花蛤：夜宵最愛

食材

○ 花蛤 500 克
○ 豆瓣醬 1 湯匙
○ 薑粒 1 茶匙
○ 蒜 1 瓣（切片）
○ 小葱 1 根（切段）
○ 乾辣椒 1 根（切段）
○ 油 1 湯匙

做法

① 花蛤提前放入水中浸泡，加一湯匙鹽，等其吐沙。燒一鍋開水，將花蛤倒入燙半分鐘左右，等其微微張開口取出控水。

② 取另一個鍋燒熱油，放乾辣椒、薑粒炒香，然後加豆瓣醬炒出紅油，接着放花蛤，大火爆炒至其全部張開後，加葱段、蒜片翻炒即可出鍋。

香辣蟹：平價中的「貴族」

食材

○ 河蟹 5 隻
○ 蒜 4 片
○ 薑 5 克（切絲）
○ 乾辣椒 1 根（切段）
○ 豆瓣醬 2 湯匙
○ 生抽 1 湯匙
○ 醋 1 湯匙
○ 糖 1 茶匙
○ 油適量
○ 生粉適量

做法

① 河蟹提前泡在清水裏吐沙，然後將其放在白酒中醉死，去掉蟹鉗、蟹腸、蟹腮、蟹殼，將蟹切成兩半。
② 在蟹的切面部分蘸上一層生粉，下鍋炸至金黃後取出控油。
③ 鍋中加油燒熱，放薑、蒜、乾辣椒炒香，然後放豆瓣醬炒出紅油，接着放螃蟹翻炒，加糖、醋、生抽，炒勻即可。

干貝冬瓜湯：一碗湯裏烹小鮮

食材

○ 干貝（瑤柱）20 克
○ 冬瓜 200 克（切厚片）
○ 鹽 2 克
○ 葱花 1 茶匙
○ 蜆 8 個

做法

① 干貝提前泡水，蜆提前吐沙。
② 干貝和冬瓜一起下鍋，加足量水，大火煮開後轉中火，煮至冬瓜變軟。
③ 快熟時放蜆，煮到蜆開口即可。
④ 加少許鹽調味，撒上葱花後出鍋。

第三章

不去餐廳，

週末照樣吃得好

南瓜濃湯
可以直接喝的蔬菜

場合/正餐 • 主食　　用時/40分鐘

西餐中的湯與中餐的湯大相徑庭，西餐中的湯往往非常濃稠，口感均一，吃法也多是用麵包片蘸着吃，而不是舉着碗咕咚咕咚喝。説是湯，其實更像是比較稀的醬汁。

製作這道菜時我們用到了手提攪拌機，這在製作西餐時是非常方便的工具。如果你沒有手提攪拌機，也沒關係，可以使用料理機（攪拌機）打碎食材。

常見的南瓜濃湯裏都會加忌廉，會帶來濃郁的香味，但吃多了會有點膩。這裏我們沒有用忌廉，而是加入了很多蔬菜，清爽的蔬菜更襯托了南瓜的濃郁味道。

特殊廚具準備　　料理棒（或攪拌機、料理機）

食材

主料──
○南瓜 300 克　　○洋葱半個　　○蒜 1 瓣　　○西芹半根
○紅蘿蔔半根　　○馬鈴薯 1 個　　○蘑菇 4 個
調味料──
○牛油 40 克　　○百里香 1 支　　○高湯 600 毫升
○鹽 3 克　　○黑胡椒 2 克　　○肉桂粉 2 克

做法

① 焗爐預熱 220℃，南瓜去皮、去籽、切大塊，蓋上錫紙送入焗爐焗 20~30 分鐘。洋葱、蒜切末，西芹、紅蘿蔔、馬鈴薯切塊，蘑菇切片。

② 取一半牛油放入鍋中，小火燒熱鍋，煸香洋葱和蒜。

③ 放入西芹、紅蘿蔔和馬鈴薯翻炒 2 分鐘，加入高湯沒過蔬菜。然後加入肉桂粉和百里香。小火煮 20 分鐘直到蔬菜變軟。

④　加入焗好的南瓜，繼續小火燉煮 30 分鐘，最後用攪拌棒打碎。然後加入適量的鹽和黑胡椒粉。（如果沒有攪拌棒，就用料理機分批把南瓜打碎，效果是一樣的。）

⑤　另拿一個小鍋放入剩下的一半牛油，放入百里香，煎蘑菇。直到兩面都是焦焦的狀態就可以了。

⑥　拿出切好的小南瓜。把南瓜湯盛好，擺上煎好的蘑菇，撒上一些百里香碎。

美味秘訣

讓蔬菜濃湯的質地更細膩

　　一道美味的蔬菜濃湯的標準，除了味道芳香濃郁，細膩的質地也至關重要。除了擁有一台順手的機器（料理棒或是攪拌機都行），蔬菜也需要熟透軟爛，同時要趁熱攪拌，否則很容易結塊。攪拌蔬菜之前，可以先將湯汁瀝出來一部分，隨着攪拌狀態的變化再一點點加回去，以求更好地掌握濃稠度。

衍生食譜

濃湯晚餐

粟米濃湯

食材

- ○ 粟米 2 個
- ○ 馬鈴薯 1 個（切丁）
- ○ 洋蔥 1/2 個（切碎）
- ○ 牛奶 250 毫升
- ○ 牛油 10 克
- ○ 鹽 2 克
- ○ 黑胡椒 1 克

做法

① 粟米去須，清洗乾淨後用刀順着粟米將粟米粒切下來。

② 牛油放鍋中加熱溶化，放入洋蔥碎翻炒，加入馬鈴薯丁、粟米粒，倒入少許水煮至馬鈴薯變軟。選出幾粒煮好的粟米粒留作裝飾用。

③ 將食材全部倒入攪拌機，再倒入牛奶，攪打至順滑。如果不夠濃稠的話，可以將其倒入鍋中，小火加熱至濃稠。加入鹽、黑胡椒調味。拿粟米粒裝飾即可。

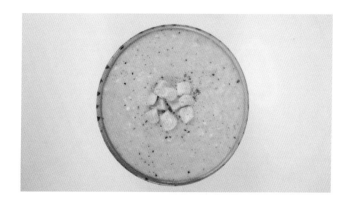

豌豆濃湯

食材

○ 豌豆（青豆）200 克
○ 淡忌廉 50 克
○ 吐司 1 片
○ 鹽 1 克
○ 黑胡椒 1 克

做法

① 吐司去邊切丁，倒入少許橄欖油，放焗爐焗約 30 分鐘待吐司丁變脆。

② 豌豆清洗乾淨，加清水，大火煮沸後轉小火煮 10~15 分鐘。選出幾粒煮好的豌豆留作裝飾用。

③ 將煮熟的豌豆和水一同倒入攪拌機，攪打至細膩順滑。

④ 將攪拌後的湯倒回鍋中，加淡忌廉煮沸，撒少許鹽和黑胡椒，拿吐司丁和煮好的豌豆裝飾即可。

馬鈴薯濃湯

食材

○ 馬鈴薯 2 個（切小塊）
○ 洋蔥 1 個（切絲）
○ 牛油 20 克
○ 煙肉 2 片
○ 牛奶 150 毫升
○ 鹽 2 克
○ 黑胡椒 1 克

做法

① 鍋中熱牛油，待牛油溶化後倒入洋蔥絲翻炒，軟化後加入馬鈴薯塊，來回翻炒。倒清水沒過馬鈴薯，大火煮沸後轉中火煮至馬鈴薯酥軟。

② 煙肉切丁，放入鍋中煎焦香，取出用廚房紙吸油。

③ 將煮軟的馬鈴薯倒入攪拌機中，攪打順滑。攪打好的馬鈴薯倒回鍋中，加入牛奶，小火加熱，攪拌均勻。撒鹽、黑胡椒，拿煙肉丁裝飾。

焗蔬菜藜麥沙律

低脂健康輕食，也能超好吃

場合 / 早餐 ● 輕食　　用時 / 50 分鐘

常見的沙律組合：

凱撒沙律：長葉生菜＋焗麵包丁＋雞蛋＋帕瑪森芝士＋凱撒醬，可以加入雞肉、煙肉等。

考伯沙律：番茄丁＋煮雞蛋＋牛油果＋雞肉＋煙肉粒＋油醋汁。

馬鈴薯泥沙律：馬鈴薯泥＋紅蘿蔔丁＋火腿粒＋蛋黃醬。

日式捲心菜沙律：椰菜細絲＋和風醬。

水果沙律：各類水果＋乳酪。

自己製作沙律不必受限於各種公式，喜歡甚麼就可放甚麼。如果實在是不喜歡吃生的蔬菜，這道焗蔬菜藜麥沙律可以嘗試一下。

特殊廚具準備　焗爐

主料——
○熟鷹嘴豆 50 克　○藜麥 80 克　○羽衣甘藍 100 克
○馬鈴薯 1 個　○紫薯 100 克　○紅蘿蔔 1 根
○小洋蔥 4 個　○紅黃甜椒各 1/2 個　○櫻桃番茄 6 個
○沙律軟質芝士 30 克　○檸檬 2 片

調味料——
○橄欖油 3 湯匙　○鹽 1 茶匙　○黑胡椒 1 茶匙

油醋汁——
○意大利黑醋 1 湯匙　○橄欖油 3 湯匙　○鹽 1 克
○黑胡椒 1 克

做法

① 紫薯、紅蘿蔔、紅黃甜椒、馬鈴薯切塊，櫻桃番茄對半切，小洋蔥切 1/4 的塊狀，加橄欖油、鹽、黑胡椒拌勻。

② 將焗爐設置 170℃，焗 15 分鐘後取出甜椒、櫻桃番茄，將剩下的食物再焗 15 分鐘。（放入焗盤時，可按照易焗程度擺放，這樣可以統一將焗熟的食材取出。）

③ 羽衣甘藍撕成小塊，加橄欖油、鹽、黑胡椒，拌勻放在錫紙上，焗 10 分鐘至酥脆，取出曬涼吸油。

④ 藜麥和水放鍋裏（藜麥和水的比例是 1：2），大火煮開，然後調小火燜煮 12~15 分鐘，至水分充分吸收，加鹽、黑胡椒，關火攪拌 1 分鐘。

⑤　做油醋汁。先將醋倒入碗裏，然後邊加橄欖油邊攪拌，
　　直到變稠。

⑥　將藜麥、鷹嘴豆、焗蔬菜拌到一起，淋上油醋汁，用
　　芝士、檸檬裝飾。

① 認識「超級食物」藜麥、鷹嘴豆和羽衣甘藍

　　藜麥、鷹嘴豆和羽衣甘藍這 3 種常見於西式沙律中的食物，都有「超級食物」的美譽。藜麥富含氨基酸，蛋白質含量的百分比幾乎可以和牛肉媲美。鷹嘴豆除了蛋白質豐富，其所含異黃酮更有延緩衰老的效果。羽衣甘藍脂肪含量低，且富含維他命 K。

　　雖然這 3 種食材的名稱聽起來陌生，但是烹飪起來並不複雜。鷹嘴豆可以直接買罐頭裝的，味道和自己泡完再煮的一樣好。藜麥顆粒很小，煮之前無須浸泡，煮熟後呈透明狀，比較有嚼勁。羽衣甘藍可以洗淨撕片直接吃，也可以按照這道食譜的方法進行焗製，使其更加酥脆鹹香。

② 優化烹飪流程

　　在準備雜蔬沙律等菜餚時，涉及的食材較多，因此創建有序的工作流程很重要。

　　以這道菜為例，馬鈴薯、紫薯、紅蘿蔔、小洋蔥所需的時間差不多，因此可以切成相似的塊狀，放在一起烘焗；紅黃甜椒和櫻桃番茄的用時相近，也能放在一起；羽衣甘藍比較獨立，可以撕好後隨時放入焗爐的其他層，單獨焗。如果有其他喜歡的食材，自己可以提前規劃好放入焗爐的順序。

百搭萬能的凱撒醬

衍 生 食 譜

自製健康沙律醬

食材

○ 鳳尾魚罐頭 1 個
○ 蒜 2 瓣
○ 蛋黃 3 個
○ 第戎芥末 1 茶匙
○ 檸檬汁 2 湯匙
○ 橄欖油 2 湯匙
○ 帕馬森芝士 2 湯匙
○ 黑胡椒適量

做法

① 將鳳尾魚和蒜切碎。
② 把蛋黃打勻，加入鳳尾魚和蒜碎、第戎芥末、檸檬汁，逐漸加入橄欖油，不斷攪拌至順滑。
③ 擦入帕馬森芝士碎，加入少量黑胡椒即可。

日式風情和風醬

食材

○　日式醬油 80 毫升

○　味醂 80 毫升

○　醋 40 毫升

○　清酒 40 毫升

○　檸檬汁 25 毫升

○　白砂糖 20 克

○　白芝麻 5 克

做法

將所有的食材倒入碗中，攪拌均勻即可。

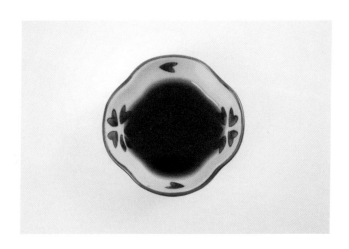

健康天然的牛油果醬

食材

- ○ 番茄 1/2 個
- ○ 洋蔥 1/2 個
- ○ 墨西哥辣椒 1 個
- ○ 成熟牛油果 2 個
- ○ 香菜碎 2 湯匙
- ○ 粗鹽 1/2 茶匙
- ○ 檸檬汁 1 湯匙
- ○ 黑胡椒適量

做法

① 將番茄去皮切小丁，洋蔥和墨西哥辣椒切碎。
② 將牛油果切半去核，用匙子挖出果肉，用叉子按壓成泥狀。
③ 倒入番茄塊、洋蔥碎、墨西哥辣椒碎和香菜碎，加粗鹽、檸檬汁、黑胡椒攪拌均勻即可。

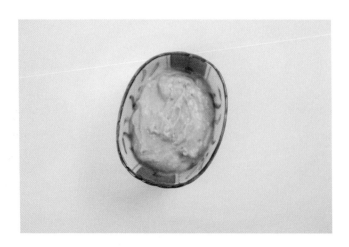

人人都愛大拌菜汁

食材

○ 蒜 3 瓣
○ 小葱 2 根
○ 白芝麻 5 克
○ 植物油 40 毫升
○ 生抽 3 湯匙
○ 醋 2 湯匙
○ 花椒 3 克
○ 糖 3 克
○ 鹽 2 克

做法

① 將蒜剁成蒜粒,小葱切成葱花。
② 將蒜粒、葱花、白芝麻倒入碗中,鍋中放入植物油,油熱後放入花椒炸香,濾掉花椒後將油倒入碗中。
③ 加入生抽、醋、糖和鹽攪拌均勻即可。

焗豬肋排
肉食愛好者大滿足的吃法

場合／正餐 • 主食　　用時／6小時 + 2小時

很多人買了焗爐,卻一次都沒用過。做甜點?材料太複雜,還要買打蛋器、電子秤、刮刀等各種工具。焗雞?醃製很麻煩,而且一不小心肉就被焗老了。焗吐司片?要提前預熱,還不如直接用更方便的吐司機。

而焗肋排是非常適合新手的焗爐入門菜,因為上下都有錫紙包裹,不用擔心表面會焦糊。醃製也很簡單,直接抹燒烤醬放雪櫃過夜就行。如果嫌自己製作燒烤醬麻煩,還可以直接購買市售的燒烤醬,直接從第5步開始即可。

焗爐的加熱效率沒有普通鍋高,加熱時間都會比較長。對於肋排來說,軟爛脫骨最好,不怕焗過頭。

特殊廚具準備　焗爐、煮鍋或炒鍋

主料——
○長豬肋排 4 根

調味料——
○麻油 3 湯匙　○蒜半個　○薑 10 克　○洋葱 1/4 個
○蘋果半個　○紅酒 100 毫升　○醬油 150 毫升
○鹽 10 克　○糖 60 克　○蜂蜜 40 克
○熟白芝麻 3 湯匙　○生粉 1 湯匙

① 蒜、薑、洋葱切粒，蘋果切碎，
白芝麻碾碎。

② 鍋燒熱，放麻油，倒入蒜粒、
薑粒、洋葱粒，小火炒出香味。

③ 倒入蘋果碎，翻炒約2分鐘，
加入紅酒。

④ 倒入醬油、鹽、糖、蜂蜜、白
芝麻碎，大火煮開，小火煮約
10分鐘，視濃稠度決定是否用
生粉增稠。

⑤ 曬涼後即可放肋排醃製，將
　醃汁和肋排放密實袋，冷藏
　醃一晚。

⑥ 取出後，焗爐設置成 180℃，
　肋排加蓋錫紙（啞光面接觸食
　物）焗 1.5 小時，中途要記得
　給肋排翻面，如果成色不夠，
　最後拿走錫紙再焗半小時。

美味秘訣

用焗爐做軟爛焗肉

　　想吃軟爛脱骨的肉，除了燉煮，使用焗爐也是很方
便的辦法，而且味道會更香濃。一般來説，焗肉時家用
焗爐設置在 170℃ ~ 180℃，適用於焗製肋排、小排、
梅花肉等，蓋上錫紙，視肉的薄厚一般需要 20~60 分
鐘時間。如果需要另外上色，比如製作焗雞時，則可
以在最後階段將焗爐上調至 200℃ ~ 220℃，再多焗
10 分鐘。

勃艮第紅酒燉牛肉
以酒入肉，醇香不醉人

場合 / 正餐 • 主食　　用時 / 6 小時 + 3 小時

紅酒燉牛肉是法餐中的一道代表菜，然而最原始的紅酒燉牛肉卻與大家印象中的法餐的優雅與浪漫沒甚麼關係。紅酒燉牛肉是勃艮第地區農民的傳統菜餚，他們將牛肉與蔬菜浸在當地出產的勃艮第紅酒中，連鍋一起放入火爐中燉焗幾個小時，直到湯汁濃黑，酒香與肉香融合，再搭配馬鈴薯或者麵包食用。

這道菜因需要連鍋一起放焗爐，因此最適合用耐高溫的鑄鐵鍋。如沒有適合放入焗爐的鍋，也可在灶上直接燉煮，但需經常翻動以免糊鍋。

特殊廚具準備　焗爐、燉鍋（鑄鐵鍋）

食材

主料——
○牛脹 500 克　○洋葱半個　○紅蘿蔔 1 根
○煙肉 2 片　○小洋葱 4 個　○蘑菇 4 個
○牛油 10 克　○橄欖油 2 湯匙　○番茜葉適量

調味料－醃製用——
○勃艮第黑皮諾紅酒 400 毫升　○番茜莖 2 根
○月桂葉 1 片　○百里香 2 枝　○蒜 2 瓣

調味料－湯用——
○牛油 40 克　○百里香 1 支　○高湯 600 毫升
○鹽 3 克　○黑胡椒 2 克　○肉桂粉 2 克

206

做法

① 番茜莖、月桂葉和百里香捆紮
成一束,蒜瓣去皮後切碎,牛
肉、洋葱、紅蘿蔔切塊。

② 將①中的食材都放入容器中並
加入紅酒,加蓋冷藏一夜。

③ 取出醃製好的牛肉,分離出湯汁,擠出牛肉多餘的水分,用廚房紙擦
乾表面,以鹽、黑胡椒調味。在煎鍋中放牛油和橄欖油加熱,將牛肉
煎至表面金黃,盛出備用。

④ 將前面冷藏的蔬菜（香草束除外）倒入鍋中煎香。

⑤ 將牛肉、蔬菜、香草束和濾出的湯汁放入琺瑯鍋內加熱，加入番茄膏、蒜泥、牛肉高湯，攪拌均勻並煮至沸騰（如有浮沫，用匙子濾出）。放入160℃的焗爐中焗約 2.5 小時。

⑥ 煙肉切成段，小洋蔥去皮再剝掉一層，蘑菇切片。焗爐時間到後，煎鍋內加少量牛油，將煙肉煎香，加入小洋蔥和蘑菇，煎 2~3 分鐘，倒入琺瑯鍋中，煮至湯變濃稠，以鹽、黑胡椒碎調味，撒上番茜葉即可上桌。

美味秘訣

① 葡萄酒在西餐中的作用

　　勃艮第是法國生產紅酒的一個大區，這道當地食譜也融合了酒的元素。以紅葡萄酒醃肉，除了能將酒本身帶有的果木香滲入到肉的肌理中，還能起到去腥的作用。

　　紅、白葡萄酒在西餐中的應用很廣泛，除了醃製，還可直接烹飪，通常用來「脫釉（Deglaze）」，也就是將鍋底的蔬菜、肉類精華殘漬以高溫加酒的方式，從鍋底「洗掉」，將味道融入到醬汁中。

② 牛肉要先煎一下

　　牛肉塊先煎後燉，除了美拉德反應能讓牛肉味道更具有焦香，也能在牛肉表面形成一層保護膜，將牛肉的汁水牢牢鎖在肉裏面。

③ 香草束的使用

　　在這道食譜中，我們按照經典配方加了法式香草束，也就是番茜莖、百里香和月桂葉（或鼠尾草）的混合。這種香草束不需要多，每種只需要一兩枝，就能讓湯汁富有香草氣息，作用和我們燉肉的時候放的肉桂、八角等類似。但由於香草烹飪過久會變苦，所以一般會先用線繩捆綁在一起，形成像花束一樣的形狀，便於入味之後立即整體取出。

牛肉常見部位區分

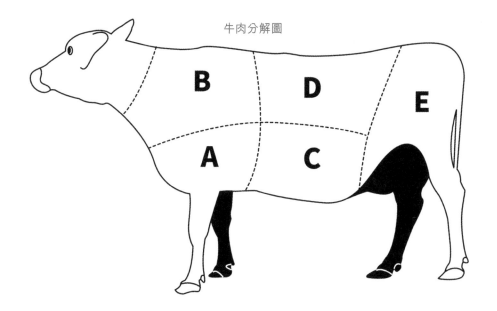

牛肉分解圖

A 前腿：金錢腱、辣椒肉

B 肩胛：肩肉、脖肉

C 腹部：腹肉、肋條肉

D 脊背：裏脊、外脊、眼肉、上腦

E 後腿：後腱子、霖肉、米龍、青瓜條

前腿

　　牛的前腿和後腿的肉質都比較緊實。我們常說的金錢腱就位於牛的前腿肚子部分，最佳烹飪方式莫過於做醬牛肉。（做醬牛肉最省時省力的方法就是用高壓鍋，但是要注意使用安全。）

　　辣椒肉是前腿部分稍微嫩點的肉（因為形似辣椒），這種嫩肉很適合炒或涮。

肩胛

　　肩胛部是牛平時運動比較多的部位，肉質纖維比較粗，肌肉多，有很多筋膜，因此烹飪難度較大。這部分的牛肉通常適合做餡兒或是燒、燉、醬。

腹部

　　牛腹肉即我們常說的牛腩肉（如下圖），有肥有瘦，以瘦肉為主。最經典的吃法就是番茄燉牛腩，市場裏一般能直接買到切好塊的牛腩肉。牛腩比較難熟，想要燉得入味、軟爛，一定要有足夠的時間。除了燉煮，牛腩還適合黃燜或燒烤。

　　腹部還有肋條肉，即肋條骨中間的肉。肋條肉脂肪分佈均勻，肉厚實，適合燉煮。

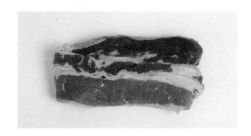

脊背

　脊背是牛肉中最細嫩的地方。脊肉有裏脊和外脊（也叫西冷）之分，基本都沒有脂肪，適合炒或燒烤，在西餐裏也經常用來切成牛排煎着吃。

　除了裏脊和外脊，脊背部分的眼肉（因為剖面形似眼睛得名）和上腦（如下圖）也經常出現在牛排菜單裏。眼肉有較勻稱的脂肪沉積，從外表上可以看到漂亮的大理石花紋，吃起來鮮嫩可口。上腦也有一定的脂肪，除了炒，還適合作為火鍋涮肉。

後腿

　後腿和前腿的口感以及吃法差不多，後腱肉常用來做醬牛肉。

　此處所説的牛後腿還包括牛臀肉。臀肉比腿肉更嫩，市場裏經常看到的霖肉（如下圖）、米龍、青瓜條都在這一區域。這些部位的肉質細膩潤滑，可以直接炒着吃，也可以做燒烤或牛肉乾。

忌廉意大利粉
忌廉和意大利粉才是絕配

場合 / 正餐 • 主食　　　用時 / 20 分鐘

意大利粉是用特殊的杜蘭小麥粉製成的，這種小麥蛋白質含量較高，也就是比較「硬」，因此意大利粉都非常筋道，久煮不爛。正宗的意大利粉要講究「aldente」口感，即中間有一點點半生不熟的口感，才是意大利人最喜歡的。但對於我們的「中國胃」來說可能會不適應，還是煮到全熟為好。

意大利粉有上百種不同的形狀，我們所熟悉的圓形麵條叫作Spaghetti，是市面上最常見的乾意大利粉。對於意大利人來說，不同的醬汁要配不同形狀的意大利粉吃，但在我們這兒，規矩沒有這麼多，隨意就好。

主料——
○意大利粉 150 克　　○蘑菇 4 個　　○煙肉 2 片
○番茜 10 克　　○鹽 1 湯匙

調味料——
○牛油 10 克　　○洋蔥 1/4 個　　○蒜 1 瓣
○忌廉 200 毫升　　○高湯或溫水 50 毫升
○帕瑪森芝士 50 克　　○鹽 1/4 茶匙　　○黑胡椒 1/4 茶匙

做法

① 蘑菇切片，煙肉切小塊，蒜切末，洋蔥切細碎，番茜（只取葉子部分）切碎。

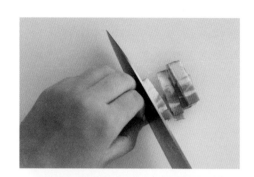

② 煙肉放鍋中煎至上色，取出放廚房紙上吸油；然後放蘑菇片煎至變軟。

③ 鍋中放水，並加一湯匙鹽（讓意大利粉味道更好），水煮開後放意大利粉，煮 8~12 分鐘，喜歡軟一點的可以煮 15 分鐘，熟了後盛出瀝乾水，拌一點點橄欖油防黏。

④ 鍋中放入牛油，中火放洋蔥炒至透明，然後加蒜粒炒香，無須炒得過焦。

⑤ 倒入忌廉和高湯，小火攪拌，
蒸發水分煮至濃稠。

⑥ 關火，放入意大利粉，拌勻，
加鹽、黑胡椒、芝士碎、番茜
碎、煙肉、蘑菇攪拌。

美味秘訣

① 判斷意大利粉是否煮熟

判斷意大利粉是否熟透，有趣的傳統方式是將
意大利粉甩到牆上，如果能黏住，則說明煮熟了。
而我們日常判斷的方式很簡單：拿出一根麵，咬斷
嘗一下，如果沒熟會感覺硬且有生麵粉味。如果
用肉眼辨識，則要看麵的內芯是否帶有白色，如果
有則還未斷生，需要再煮一會兒。

② 蘑菇的清理

蘑菇外觀有很多灰褐色的「斑」，看起來像沾
了不少泥土，很難洗乾淨。除了直接清洗，如果想
得到更美觀的蘑菇，還可用廚房紙沾水進行擦拭。

衍生食譜

兩種意大利粉醬

青醬

食材

- ○ 新鮮羅勒 200 克
- ○ 橄欖油 60 毫升
- ○ 熟松子 50 克
- ○ 蒜 5 瓣（拍碎）
- ○ 帕瑪森芝士 80 克（擦絲）
- ○ 鹽 2 克
- ○ 黑胡椒 1 克

做法

① 取下羅勒的葉子部分，和其他食材放入攪拌機拌勻即可。

② 或者準備石臼，將蒜搗碎，再逐漸加羅勒葉和其他食材，混合橄欖油搗碎。

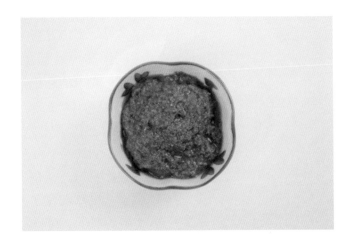

紅醬

食材

○ 肉餡 200 克
○ 番茄碎 250 克
○ 洋蔥半個（切碎）
○ 蒜 3 瓣（切碎）
○ 橄欖油 2 湯匙
○ 羅勒碎調味料 3 克
○ 鹽 2 克
○ 黑胡椒 1 克

做法

① 鍋中放橄欖油，炒香洋蔥，然後放蒜粒、肉餡，炒至上色，放番茄碎。
② 翻炒 2 分鐘左右，放羅勒碎調味料、鹽、黑胡椒調味。

補 充 知 識

番茄製品區分

多年前跟一位剛從美國回來的朋友吃飯。在一家美式餐廳，他指着菜單哈哈大笑説：這不是正宗的美國菜，美國人從來不説 tomatosauce 配薯條，應該是 ketchup 才對。

這兩年北京的進口超市越來越常見，在裏面的調料貨架上能同時看到寫着「tomatosauce」的罐頭和寫着「ketchup」的瓶子。還有 tomatopaste 和其他各種樣子的番茄罐頭。新世界的大門打開，伴隨而來的是諸多的困惑：這些都有甚麼區別？我應該買哪個？

下面就來介紹一下這幾類主要產品的區別。

番茄罐頭

從左到右依次為整個番茄、碎番茄和櫻桃番茄。

從左到右依次為打開後的整個番茄、碎番茄和櫻桃番茄罐頭。

　　番茄罐頭是意大利人的發明。意大利人出了名的熱愛番茄，但新鮮番茄只在夏天才有，於是就有了番茄罐頭。

　　番茄罐頭種類很多，根據使用的番茄不同可分成（普通）番茄罐頭、櫻桃小番茄罐頭、黃番茄罐頭等，根據番茄果肉的切碎程度不同有整個番茄、番茄碎、番茄泥等。番茄罐頭的成分就是新鮮番茄，有的會加入鹽和檸檬酸以抑製細菌繁殖。但總的來説，番茄罐頭不是直接吃的，一般作為烹飪原料使用。

　　問題是，現代農業的大棚使得番茄早就成為四季都可以買到的普通蔬菜了，為甚麼還需要罐頭呢？

　　我覺得主要有兩點原因：一是番茄罐頭多數使用產自意大利的羅馬番茄或聖馬紮諾番茄，這兩種番茄皮薄、味濃、籽少，與中國的番茄在味道上有區別，所以做意大利菜時用番茄罐頭往往能還原更正宗的味道。二是方便，新鮮番茄買回來要清洗，還要用開水燙掉皮，接着還要切，罐頭則方便很多。

　　不過，由於番茄罐頭經過熱處理，所以會過於綿軟，不能用在糖拌番茄之類的涼菜裏。最適合它的，是各種需要長時間煮製的燉菜，以及各類以番茄為基底的自製醬料。

番茄膏（Tomatopaste）

　　番茄膏的外包裝常常會被誤認為是迷你版的番茄罐頭，但其實兩者差別很大。

　　意大利番茄膏的傳統做法是將番茄泥在木板上塗上厚厚一層，然後在西西里島的陽光下晾曬，直到可以團成一個深紅色的球為止。現在我們能買到的番茄膏一般是將番茄煮上好幾個小時將水分蒸發後而成。

　　雖然都是純粹的番茄製品，番茄膏的質地與番茄罐頭明顯不同，它倒不出來，一般得用匙子挖。而且番茄膏濃度特別高，一小罐就可以將一大鍋肉醬染成鮮豔的紅色，一般用茶匙挖一點就夠用。另外，番茄膏不需要長時間燉煮就能釋放出番茄的味道，特別適合懶人料理。

　　有些品牌的番茄膏裏面會加入香料，比如洋蔥、蒜、羅勒、百里香等意大利菜常用的配料，但一般不會放鹽。所以它依然是一種烹飪原料，不能直接吃。

tomatosauce，質地較稀。

tomatoketchup，比 sauce 稠，是我們最
熟悉的番茄醬。

番茄醬（tomatosauce/ketchup）

　　相比以上兩類純番茄製品，番茄醬更像是已經用鹽、醋等調
過味的半成品或成品。

　　雖然翻譯到中文都叫番茄醬，但英語裏 tomatosauce 跟
ketchup 之間還是有區別的。總的來說，sauce 是熱着吃的，可
澆在食物上面或拌着食物吃，是一道菜的重要組成部分，猶如糖
醋裏脊裏的糖醋汁兒；而 ketchup 是獨立於菜餚之外的、可以為
主菜增加更多風味的可選項，就好像米線店裏的油辣子一樣。

　　這區別在 tomatosauce 和 ketchup 的配料表上也能體現出
來。因為 ketchup 是可以直接吃的，為了調和大眾口味，相對來
說口味比較重，有添加劑；而 tomatosauce 一般會少鹽甚至無鹽，
添加劑也相對來說更少一些。

用法總結

　　我想做糖拌番茄，或者我做菜不嫌麻煩 → 新鮮番茄；
　　我想做意大利菜，或者做其他菜需要燉番茄 → 番茄罐頭；
　　我也想做樓上那種，但我懶 / 想快點出鍋 → 番茄膏；
　　我比樓上還懶，能不能隨便熱一下就可吃 → tomatosauce；
　　我只是想蘸薯條，或者炒菜調味用 → ketchup。

自製番茄醬

　　如果你擔心買的番茄醬裏面有太多添加劑，自己做是一個不錯的主意，小小一罐能吃很久，而且健康又美味。

用料

新鮮番茄 3 個、洋蔥小半個（可選）、蒜 2 瓣（可選）、鹽、白醋、糖。

做法

① 將番茄洗淨，在頂部劃十字。放入開水中泡一小會兒，剝皮。剝了皮的番茄去蒂、去籽，切成碎粒。

② 洋蔥和蒜都儘量切碎。鍋中放一點點油，放入洋蔥翻炒，炒到透明後放蒜粒炒出香味。

③ 加入番茄碎，一邊炒一邊用鍋鏟把大塊番茄碎都碾碎。不停翻炒 20~40 分鐘，直到醬汁濃稠、均勻。根據自己的口味加入鹽、白醋、糖。出鍋，密封保存（如果想要順滑的口感，可以用料理機再打碎一遍）。

常備菜便當

解決邊角料的健康方式

場合 / 正餐 ● 主食

常備菜主要分為以下 4 種：

① 淺漬蔬菜或沙律

　　這類菜保存期限是 2~3 天，可一周做兩次，每次做兩三種。比如淺漬包菜、淺漬青瓜、醃漬西蘭花等。

② 燉煮的肉類或容易吸味的根菜菌菇等

　　這類菜品保存期限稍長，可以保存 4~5 天，一周做一次就可以。做的時候稍微多放一些鹽和糖，可以起到一定的防腐作用。比如日式牛肉飯上面的燉煮肥牛或鹵蛋、鹵肉。

③ 發酵的泡菜或醬菜

　　發酵類的泡菜一般可以保存很長時間。在微生物的作用下，食物原本的成分被分解轉化，不但能形成獨特的發酵風味，還能給身體提供有益菌。朝鮮族泡菜、四川泡菜都屬長期發酵的泡菜。

④ 半成品或可冷凍保存的成品

　　把食物做成半成品或可以冷凍保存的成品，比如肉餅、魚餅、肉丸、意式肉醬等，它們保存的時間相對較長，為 7~15 天。這類菜在日式便當中也很常見，日本主婦很喜歡做一些炸物並冷凍保存在雪櫃當中，吃之前回鍋複炸一遍，省時省力且增添美感。

甜橙漬紅白蘿蔔絲

　　酸甜爽口、富有果香的橙汁與清新爽脆的蘿蔔搭配在一起，即便只有簡單的調味，也能開胃。用玻璃密封罐冷藏保存，可保存 3~5 天。

主料——
○白蘿蔔 350 克　○紅蘿蔔 100 克　○橙 1/2 個

調味料——
○糖 6 克　○白醋 5 毫升　○鹽 6 克　○味精 1 克
○辣椒 3 克

① 將白蘿蔔、紅蘿蔔分別洗淨去皮切成絲，橙子擠橙
　汁備用。
② 取一個小碗，依次放入橙汁、糖、白醋、鹽、味精
　和辣椒粉攪拌均勻。
③ 把切好的蘿蔔絲放入密封的容器中，淋上調好的醬
　汁拌勻，密封冷藏即可。

梅菜菌菇燒雞

　　香味獨特的梅乾菜搭配易下飯的雞腿肉、馬鈴薯、菌菇等食材，適合作為便當主菜。在密封盒中冷藏保存，可保存 3~5 天。

主料——
○雞腿肉 700 克　○冬菇 100 克　○蟹味菇 100 克
○白玉菇 100 克　○馬鈴薯 100 克　○紅蘿蔔 100 克
○梅乾菜 15 克

調味料——
○薑 15 克　○油 15 毫升　○芝麻油 5 毫升
○釀造醬油 20 毫升　○老抽 5 毫升　○糖 15 克
○鹽 5 克　○料酒 10 毫升

① 將馬鈴薯、紅蘿蔔、雞腿肉切塊，薑切絲，梅乾菜
洗淨用溫水浸泡 5 分鐘，瀝乾水分備用。取一個小
碗，依次放入釀造醬油、老抽、糖、鹽、料酒，
調勻。

② 鍋中放油，燒熱之後放入雞腿肉煎 2 分鐘左右，加
入馬鈴薯、紅蘿蔔和各種菌菇翻炒 2 分鐘。

③ 放入薑絲和梅乾菜繼續翻炒 2 分鐘，放調味汁，
翻炒 1 分鐘加水至食材一半高度，蓋上鍋蓋中小
火燉煮 10 分鐘左右，開蓋轉大火收汁，淋入芝麻
油即可。

韓式辣蘿蔔塊泡菜

　　蘿蔔塊泡菜做好後隔天即可食用，時間越久，發酵風味越足。在密封罐中冷藏保存，可保存 15 天以上。

主料——
○白蘿蔔 500 克

調味料——
○鹽 7 克　○糖 7 克　○魚露 15 毫升　○葱 15 克
○蒜 10 克　○韓式辣椒粉 20 克

① 將白蘿蔔去皮，切成約 3 立方厘米的小塊，放入鹽和糖攪拌均勻，醃漬 30 分鐘。同時準備醬料：葱、蒜切碎，放入一個大碗中，再依次放入魚露和韓式辣椒粉攪拌均勻。

② 把醃漬出的水倒入一個小碗中，剩下的蘿蔔放入拌好的醬料中，加入 1 茶匙醃漬出的蘿蔔湯汁攪拌均勻。

③ 拌好的蘿蔔放入乾淨的密封罐中，並用力擠壓出裏面的空氣，密封好後發酵 1~2 天。

脆骨豆腐牛肉餅

　　捏成型的牛肉餅可直接冷凍，吃之前煎熟，非常方便。因為加入了豆腐和雞脆骨，不僅熱量更低，口感也更獨特。用密封袋冷凍保存，可保存 7~10 天。

233

主料——
○雞脆骨 100 克　○北豆腐 100 克　○牛肉餡 300 克

調味料——
○蔥 10 克　○薑 5 克　○醬油 10 毫升　○五香粉 3 克
○黑胡椒粉 2 克　○糖 5 克　○鹽 3 克
○芝麻油 5 毫升　○料酒 5 毫升　○雞蛋 3 個
○麵粉 100 克　○麵包糠 200 克

① 將雞脆骨放入料理機中打碎，北豆腐略擠乾水分，蔥、薑切成碎。

② 取一隻大碗，放牛肉餡、雞脆骨、北豆腐和蔥薑粒攪拌均勻，再依次放醬油、料酒、鹽、糖、五香粉、黑胡椒粉、芝麻油和 1 個雞蛋，戴上手套順時針攪拌均勻。依次將肉餡捏成巴掌大小的橢圓型肉餅。

③ 取一隻碗，打入剩餘的 2 個雞蛋，攪拌成蛋液，再取兩隻碗分別放入麵粉和麵包糠。將捏好的肉餅依順序分別裹上麵粉、蛋液和麵包糠。

④ 在平底鍋中放適量油，放入肉餅用中小火煎熟。或將捏好的肉餅放入密封袋中冷凍保存，食用時無須解凍，小火煎熟即可。

四道便當的組合

Group 01

雜糧米飯
切片櫻桃蘿蔔
梅菜菌菇燒雞
甜橙漬紅白蘿蔔絲
韓式辣蘿蔔塊泡菜
水煮西蘭花

Group 02

飯糰
甜橙漬紅白蘿蔔絲
脆骨豆腐牛肉餅
水煮西蘭花
青瓜

Group 03

雜糧米飯

梅菜菌菇燒雞

甜橙漬紅白蘿蔔絲

脆骨豆腐牛肉餅配番

茄醬

青瓜

小番茄

Group 04

雜糧米飯

紫蘇拌飯料

梅菜菌菇燒雞

甜橙漬紅白蘿蔔絲

韓式辣蘿蔔塊泡菜

水煮西蘭花

美味秘訣

便當常備菜

　　每天上班的人們吃膩了外賣時，往往會想親手製作午餐便當，卻總因為早上時間緊張而放棄。這時，雪櫃常備菜就成了製作便當省時省力的秘密武器。週末提前製作幾道可口常備菜，合理地分裝保存在雪櫃裏，這一周的便當就都有了。

　　常備菜多由豐富的食材做成，剛做好時美味絕倫，過幾天再吃會更加入味。事先多做一些，冷藏或冷凍起來，吃之前從雪櫃裏取出，就能在短時間內做出一整套豐富的便當。

第四章

大展身手——

讓人忍不住「哇」

出來的宴客菜

這是一個「獨樂樂不如眾樂樂」的章節。

如果你不僅享受下廚的樂趣，還喜歡和家人、朋友一起分享，那麼這 6 道菜正合你意。稱它們為「宴客菜」，是因為三個特點：一次烹製，多人分享；外觀吸睛，適合拍照；好吃飽腹，營養均衡。

本章的西班牙海鮮飯、法國乳蛋餅、越南春卷、日式壽喜鍋、墨西哥塔可餅、美式薄餅，無論在哪個國家，都是能夠讓人為之驚歎的菜式。這些食譜，我們遵循了菜餚發源地的做法，比如，西班牙海鮮飯做了巴倫西亞（Valencian）的版本，加了特色口利左香腸（Chorizo）；乳蛋餅用了法國洛林（Lorraine）地區的方法，以煙肉和芝士增加香味；壽喜鍋則選擇了接受度高且更方便的關東做法。

這幾道菜的準備可分成兩個步驟：首先要自己事先準備食材，比如，薄餅用的麵糰、壽喜鍋用的高湯、乳蛋餅用的批皮；第二步是需要做菜前完成的準備工作，如，準備乳蛋餅和薄餅的鋪料、壽喜鍋的蔬菜。強烈建議你和朋友一起完成第二步的準備工作，既能提高準備效率，也能作為聚會的一個環節，增強參與感。

人手一隻，便於分食的獨立料理

越南春卷
顏值極高的開胃菜

場合 / 正餐 ● 主食　　用時 / 20 分鐘

春卷的英文名是「Springroll」，雖然是從中文直譯，但食物本身已經不是中餐專有。美國、東南亞、澳洲、歐洲都有名為 Springroll 的小吃，各有不同。比如，到了越南，和我們常吃的炸春卷類似、包着麵皮裹着肉餡的食物，名字卻成了「蛋卷（Eggroll）」，據說這是中國春卷在美式餐廳改良後又傳到了越南。

在所有這些春卷裏，如果評選全球社交網絡上最火的一款，越南春卷肯定獨佔鰲頭。因為它顏值高，清爽又健康。

越南春卷的顏值全靠越南米紙皮來體現。我們買回來的米紙皮是一張又硬又薄的圓餅，一沾水就變成軟而透明的米紙，能將鮮豔的顏色都透出來。傳統的越南春卷是包入蝦仁的，但你也可以自由發揮，我們包的紅蘿蔔青瓜、三文魚牛油果是不是也很好看？

主料——
○越南春卷皮 10 張　○越南米粉 50 克　○生菜 1 把
○香草（薄荷或羅勒）40 克　○紅蘿蔔 1 根
○青瓜 1 根　○秋葵 100 克　○大蝦 6 隻
○三文魚片 100 克　○牛油果 1 個

調味料－醬料①——
○清水 75 毫升　○花生醬 50 克　○海鮮醬 70 克
○白醋 1 湯匙　○碎花生

調味料－醬料②——
○魚露 50 毫升　○清水 150 毫升　○糖粉 35 克
○小米辣 1 根　○蒜 3 瓣　○青檸 1 個

做法

① 將生菜洗淨、瀝乾，青瓜切片、紅蘿蔔切絲，秋葵焯水後瀝乾切段。

② 大蝦去蝦線，煮至變色，剝皮，然後橫剖成兩半待用。

③ 水開後煮米粉 4~5 分鐘，然後過涼水（最好是冰水）。

④ 製作春卷（可按個人喜好搭配）。

醬料①做法
將花生醬加清水攪拌成糊，再加海
鮮醬、白醋、花生碎。

醬料②做法
把魚露、水、糖混在一起，蒜切末，
青檸擠汁，辣椒切圈，放雪櫃冷藏
2 小時。

美味秘訣

越南春卷的組裝

　　越南春卷風靡世界，與其美觀性密不可分，高顏
值的關鍵就在於「捲」的技巧。食材都備好後，先將春
卷皮沾水，放在砧板上，在靠近自己的半邊墊上生菜，
然後堆疊香草、米粉及其他蔬菜（如青瓜和紅蘿蔔）；
另外半邊放上想展示出來的食材（如蝦仁、三文魚、牛
油果、秋葵）。捲的時候要從蔬菜端開始捲，捲到蝦仁
之前，中途要將春卷皮兩邊折進去，最後把剩餘部分捲
上即可。

三文魚牛油果塔可餅

把墨西哥風情帶回家

場合／正餐 ● 主食　　用時／60 分鐘

塔可餅（Taco）是墨西哥的一種傳統食品，當地人習慣用由小麥粉或粟米粉做成的墨西哥薄餅（Tortilla）捲魚吃，後來被西班牙殖民者改良。現在的塔可餅也多了牛肉、雞肉、豬肉等口味，加上各種蔬菜卷成 U 字型，並配上牛油果醬、辣椒醬、薩薩醬（以碎番茄為主）等醬汁。

塔可的麵餅有兩種，軟餅柔潤，硬餅酥脆，因為常常用粗糧粟米麵製作麵餅，且少油少糖，塔可餅往往被認為是健康食品的代表。

特殊廚具準備　煎鍋、焗爐、矽膠墊

餅皮——
○高筋麵粉 100 克　○粟米麵 100 克　○鹽 1/4 茶匙
○酵母 2 克　○橄欖油 2 湯匙　○溫水 110±10 毫升

填料——
○希臘芝士或芝士油 100 克　○煙熏三文魚 200 克
○牛油果 1 個　○火箭菜 1 把　○小青瓜半根
○青檸汁適量　○海鹽 3 克　○黑胡椒碎 2 克

做法

① 過篩高筋麵粉和粟米麵，加入
酵母、溫水和橄欖油，用刮刀
拌勻，再加鹽揉成麵糰，放入
容器中，蓋上保鮮紙，醒 40
分鐘。

② 麵糰切成 6~8 等分，滾圓後蓋
保鮮紙靜置 10 分鐘。將靜置後
的麵糰擀成約 0.2 厘米厚的圓
片，如果太黏，可以撒上少量
麵粉。

③ 易潔煎鍋內開中火，放入麵餅，
起小氣泡就可以迅速翻面，10
秒後即可出鍋。

④ 將烙好的粟米塔可餅用棉布或
保鮮紙蓋好，保持濕度。

⑤ 焗爐預熱 180℃ 備用，將粟米塔可餅放在焗架上形成 U 型，入焗爐焗約 3 分鐘至酥脆。

⑥ 將牛油果去皮後切片、火箭菜洗淨、小青瓜切片。在粟米塔可餅上抹上希臘芝士，放上煙熏三文魚，將牛油果片、火箭菜、小青瓜片、青檸汁、鹽和黑胡椒碎混合，用湯匙舀到三文魚上即可。

美味秘訣

在塔可餅的製作上發揮創意

　　這道食譜中，加入三文魚、牛油果、火箭菜、青瓜片是比較有新意的一種搭配。學會了餅皮的製作後（如果想吃軟的餅皮，可不焗脆），餡料完全可以按照自己喜歡的方式製作，比如，經典的焗蝦與甘藍絲、焗雞塊與杧果粒、焗牛排與番茄碎等。

聊天、備餐兩不誤，把烹飪交給焗爐

洛林乳蛋餅

法國東北地區傳統美食

場合 / 正餐 • 主食　　用時 / 70 分鐘

　　乳蛋餅（Quiche）是一種法式鹹批，以法國洛林地區的做法最為流行，即批皮中加入蛋液、忌廉、豬油（後被煙肉代替）等一起焗製。現在也有直接以糖代替鹽，或在原基礎上加入菠菜、番茄、蘑菇、西葫蘆等蔬菜的做法。

　　不像我們的豆花，「甜黨」、「鹹黨」、天天「揼架」，法國人對於甜鹹兩種口味是秉着兼收並蓄、和諧共存的態度的，甜批當下午茶吃，鹹批就在早午餐吃，反正都好吃。

特殊廚具準備　8 寸批盤、擀麵杖、擦絲器、焗爐、矽膠墊

麵糰——
○低筋麵粉 160 克　○鹽 3 克　○牛油 80 克　○蛋液 45 克

乳蛋液——
○雞蛋 1 個　○蛋黃 1 個　○牛奶 125 毫升
○忌廉 125 毫升　○鹽 1/2 茶匙　○胡椒粉 1/4 茶匙

餡料——
○切達芝士 50 克　○大葱 1 根　○煙肉 3 片
○西葫蘆 1 根　○櫻桃番茄 4 個

做法

① 製作批皮。牛油切丁,與麵粉、鹽混合均勻後,搓成粗粒狀。加入蛋液,揉成糰,冷藏 30 分鐘。

② 將麵糰擀成 5 毫米厚的麵皮,鋪在批盤上。用手指輕輕按壓批皮,使其緊貼批盤,然後用擀麵杖將多餘的批皮去掉,紮上小孔。

③ 將保鮮紙鋪在麵皮上,裝入大米或豆子焗 10 分鐘至定型。然後將豆子或大米拿出來,再焗 5 分鐘至上色。

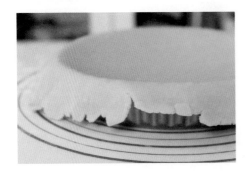

④ 番茄切片，加鹽醃一會兒，以吸取表面水分；蘆筍去掉根部，西葫蘆切片，大蔥切蔥花。

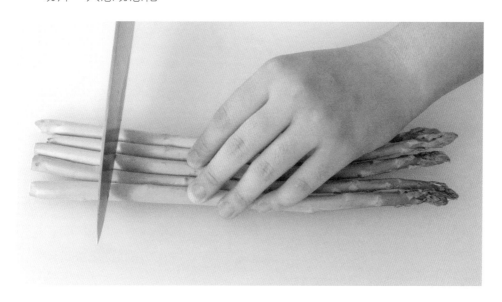

⑤ 煙肉切小塊，煎至上色，瀝油。焗爐預熱 170℃。

⑥ 乳蛋液：將雞蛋、牛奶、忌廉用手動打蛋器攪勻，加鹽、黑胡椒調味。

⑦ 堆批：放 2/3 的葱花、煙肉、芝士。

⑧ 將乳蛋液倒入至 8 分滿，再放剩餘的蔥花、煙肉、刨絲芝士，焗 10
分鐘，至表面稍微凝結後，放西葫蘆、櫻桃番茄，再焗 10 分鐘。

 美味秘訣

批皮的製作要點

　　用來製作乳蛋餅撻殼的是一種酥皮麵糰，富含牛
油與雞蛋的香氣。製作時，雙手最好保持比較涼的溫
度，否則麵糰很容易溶化，難以成型。如果麵糰開始軟
化，可以放雪櫃冷藏一會兒，再拿出來製作。烘焗時需
要經過「二次烘焙」，第一次進焗爐需要壓上烘焙石或
大米、豆類等，目的是讓撻殼定型，避免中間膨脹；第
二次則是為了將塔殼焗透。

美式薄餅

簡單發酵的自製麵糰，比連鎖店好吃

場合 / 正餐 • 主食　　用時 / 80 分鐘

　　薄餅起源於意大利，傳統的意大利薄餅餅底是薄底、脆皮，上面的配料不會超過 3 種，也不一定加芝士，吃的是麵餅的自然香味，比較像抹了番茄醬的大餅。

　　在我國更常見的是美式薄餅，餅底稍厚，上面的配料五彩繽紛，蔬菜、肉類應有盡有，還有標誌性的拉絲芝士，是特別適合朋友聚會時享用的「大菜」。

特殊廚具準備　8 寸圓焗盤、擀麵杖、炒鍋

主料－麵糰——
○酵母 3.5 克　　○溫水 163 毫升　　○高筋麵粉 250 克
○鹽 1/2 茶匙

主料－填料——
○青椒 1 個　　○紅椒 1 個　　○粟米粒 50 克　　○蘑菇 3 個
○煙肉 2 片　　○薩拉米腸 12 片　　○馬蘇里拉芝士 100 克

調味料——
○橄欖油 2 湯匙　　○洋葱 1 個　　○蒜 2 瓣　　○番茄碎 400 克
○牛至碎 5 克

① 做麵糰,將高筋麵粉、酵母和鹽混合。

② 將溫水倒入麵粉中,混合以後
用手揉成糰至光滑,分成 2 份,
蓋上保鮮紙發酵半小時至 2 倍
大。

③ 將蘑菇切片,青椒、紅椒切條,
分別放少許鹽析出水分,然後
瀝乾。

④　將煙肉切片，然後放鍋中煎至焦香，取出用廚房紙吸油。

⑤　做醬。洋蔥、蒜切碎，用橄欖油炒香後放碎番茄，搗碎番茄、洋蔥，加速成糊；如果還沒成糊狀，水又快要燒乾的話，可加入適量的水。加牛至碎調味，熬成醬狀。

⑥ 將麵糰拍扁，用刮刀切成 2 個，揉成扁圓狀，蓋保鮮紙放 15 分鐘。焗爐預熱 180℃。

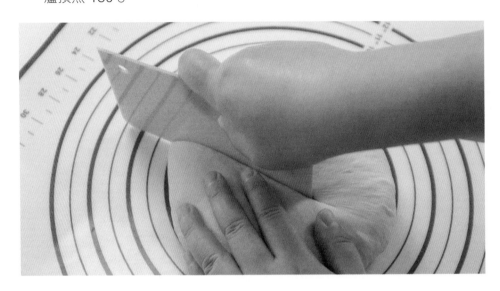

⑦ 將麵糰擀平，批盤上撒上麵粉，將麵糰放入批盤，用手指將麵糰按平實，在麵糰上叉若干氣孔，抹上 2 湯匙醬，放薩拉米腸、煙肉、芝士、蘑菇、青椒、紅椒和粟米粒。

⑧ 放入焗爐前撒一層馬蘇里拉，焗 20~25 分鐘至表面上色。

美味秘訣

薄餅麵糰的製作要領

　　薄餅麵糰用高筋麵粉或中筋麵粉都能做，書中這道食譜用的是高筋麵粉。如果換低筋麵粉，水需要減少 10~20 克。在混合麵糰用料時，酵母和鹽分別先放兩邊，否則加入溫水後，鹽會殺死酵母。水放入麵糰後，用手揉勻即可，剛開始可能揉得比較亂，可以借助碗壁成形，揉至外觀光滑時就可以開始發酵。

補 充 知 識

芝士和芝士製品

　　在超市採購的時候，總能看到貨架上有好多芝士，大大小小十幾種，很多看着都類似，很難區分。

　　芝士是一種發酵食品，營養價值高，富含蛋白質、脂肪、鈣、磷。很多國家都有自己的特色芝士，比如我國的奶疙瘩、奶豆腐。在西方，芝士更是主流食品。

　　從專業角度説，西式芝士可以按質地和含水量分為軟質、半軟質、硬質、半硬質芝士；按原料分為牛奶芝士、水牛芝士、山羊芝士、綿羊芝士等；按熟度和工藝分為新鮮芝士、軟質成熟芝士、硬質成熟芝士、藍紋芝士等。

　　但很多芝士並非國內常見品種，為了將生活中常見的芝士進行更明確、更實用地分類，本文將按照吃法給芝士分類。

馬蘇里拉

　　馬蘇里拉芝士原產地是意大利南部城市那不勒斯和坎帕尼亞，正宗的馬蘇里拉芝士是用水牛的奶做成的，因此也被成為水牛芝士。但是現在也用普通牛奶製作。

　　市面上常見的馬蘇里拉芝士有兩種形狀，一種是球狀，一種是碎絲狀。前者為了保證新鮮，一般要保存在乳清中，開封後要在一星期內食用完畢；後者更為常見，奶味足，口味比較容易被接受。

　　馬蘇里拉芝士加熱後會產生拉絲，這是薄餅的關鍵食材。在家自製薄餅時，基本是按照餅底—底料醬—主料肉蔬—芝士這 4 個步驟完成。

　　馬蘇里拉芝士顏色純白或帶微黃，口感微酸帶甜，是接受度比較高的芝士。

　　除了馬蘇里拉芝士，一些硬質芝士和氣味比較大的芝士也可以加到薄餅中。意大利有一種叫作 QuatroFormaggi（四種芝士）的薄餅，就是由馬蘇里拉芝士、軟質乾酪斯特位希諾（Stracchino）、芳提娜芝士，以及藍紋乾酪古貢佐拉這 4 種意式芝士製成。

帕馬森

　　帕馬森芝士是原產於意大利的硬質乾酪，外表呈淡黃色。為了保護原產地的品牌，意大利法律規定只有在指定地區生產的這種芝士，才能被冠以帕馬森芝士的名稱。

　　帕馬森芝士的生產過程要經過層層檢驗，最終合格的芝士會印上合格的名稱烙印，並且會刻上產地、年份等信息。

　　除了佐意大利粉吃，帕馬森芝士也是製作青醬的主要食材。

格拉娜 • 帕達諾

　　既然帕馬森的名字是受商標保護的。那麼生產於不同產地但製作過程相似的芝士叫甚麼呢？答案就是格拉娜，比如我們買的格拉娜 • 帕達諾芝士。

　　雖然沒有帕馬森的名頭，但兩者在質地和味道上相差不多。

格呂耶爾

　　格呂耶爾芝士是產自瑞士的芝士，名稱也受到原產地保護。格呂耶爾芝士屬硬質乾酪。當地奶農在飼養奶牛時也會喂一些當地花草，因此產出的芝士帶有果香。

　　格呂耶爾芝士非常適合烹飪，不僅可以和意大利粉相融，同時也是法式洋蔥湯、乳蛋餅、咬先生法式三文治和瑞士芝士火鍋的主要食材。

哪些芝士可用於沙律？

水牛芝士

　　上文我們介紹過用於給薄餅拉絲的水牛芝士（馬蘇里拉），也很適宜作為沙律。其中最具代表性的要數卡普雷塞沙律，主要食材是新鮮的馬蘇里拉芝士、番茄、羅勒和意大利香醋。紅、白、綠三種清新顏色的結合，也是意大利國旗的象徵。

　　如果是大圓球形的水牛芝士，一般做切片處理；小型的球狀芝士則直接加入沙律中。水牛芝士能給沙律增加奶香和酸甜口感。

菲達

　　菲達芝士是原產於希臘的軟質芝士，由綿羊奶製成，顏色純白，質地軟而易碎。

　　放在沙律中（有時也會放在中東主食中，如口袋餅）通常也是以細碎的形式出現，不僅能夠增加鹹香的奶味，還能給食物提色。

古達乾酪

　　古達乾酪原產荷蘭，遠銷世界各地，是最古老的芝士品種之一，最早的記錄出現在 1184 年。

　　古達乾酪的名稱來源於荷蘭城市 Gouda，並不是因為它是古達乾酪的原產地，而是因為這個城市是荷蘭芝士的交易集中地。古達芝士形狀較大，顏色為橙黃色，也被稱為黃波芝士或車輪芝士，主要由牛奶製成，口感比較糯，常作為夾心食用，具有鹹鮮和入口即化的特點。

艾蒙塔

　　艾蒙塔芝士是產自瑞士的大孔芝士，外觀與很多動漫中的芝士類似。艾蒙塔芝士是世界上最大的芝士之一，一塊重達 100 千克以上，孔洞有高爾夫球一般大小。

　　艾蒙塔芝士質地偏硬，口味濃郁，帶有一點堅果的香氣。切片之後很適合作為三文治夾心。

切達芝士

　　切達芝士原產於英國切達村，是一種硬質芝士，外表為白黃色或橙色。

　　切達芝士是最受英國人喜歡的芝士，佔全英國每年芝士消費的 51%。英國人對切達芝士的愛不僅體現在直接食用芝士上，各種零食和薯片也都要有切達口味。

　　超市裏可以看到各種形態的切達芝士。如果為了夾三文治或漢堡吃，最好買切片。下圖是我在吐司中放入 2 片芝士，再用微波爐加熱後的效果。

　　超市裏的切達芝士品種多樣，如松露口味、胡椒口味……如果感興趣都可以買回家嘗一嘗。

忌廉芝士

忌廉芝士是一種口味偏酸的軟質芝士，由牛奶或忌廉製成。

忌廉芝士雖然口味偏酸，但是並不重口。既可直接吃（如抹在貝果上或餅乾上），也常用於製作甜品（如各種芝士蛋糕、曲奇、吐司）。

忌廉芝士很容易變質，開封後一定要儘快食用。

馬斯卡彭

馬斯卡彭芝士原產於意大利倫巴第地區，是由忌廉加酒石酸凝結而成，因為製作工藝和傳統芝士不同，所以從嚴格意義上來說並不屬芝士。按照這一原理，也有人用忌廉芝士加檸檬汁（酸性物質）來代替馬斯卡彭芝士。

馬斯卡彭芝士有種淡淡的清甜味，常用於提拉米蘇的製作。

雖然有時牛油芝士也被用作替代品，但口味有差異。

在使用馬斯卡彭的時候注意不要攪拌過快，否則可能出現油水分離的情況。

布里芝士

據說，法國國王路易十六被處死前，最後的請求是吃一口布里芝士。布里芝士也是讓很多人真正愛上芝士的原因。

布里芝士有一層白色的殼，用於保護裏面軟嫩的芯，味道有點鹹、有點鮮，有奶味，還有點黴菌的味道，香氣迷人。

吃布里芝士是一種享受，切的過程也是。用刀切個角下去，可以看到內部組織像靜態的水，彈潤到給人一種能流動的錯覺，每一口都是藝術。

在吃法上，可以直接吃，夾在軟歐包中吃也很美味。

卡蒙貝爾

卡蒙貝爾堪稱布裏的姊妹芝士，二者無論是外觀上還是口感上都十分相似。如果不帶包裝切下來，很容易混淆。

因為實在相似，嘗試過布里芝士後的我也買了卡蒙貝爾吃，但可能因為布裏實在美味，因此我對卡蒙貝爾的印象稍遜一些。個人認為，卡蒙貝爾和布裏的區別是：前者稍重口，後者更香。

博格瑞香草蒜香乾酪

以忌廉芝士作為基底，市面上也出現了一些口味豐富的芝士醬。比如這款香草蒜味醬，鹹鹹的很好吃，蒜味很足，芝士自身的味道比較少。

博格瑞聖茉莉芝士

　　除了蒜味香草醬，還有一些不加調味的法國芝士醬。這種醬看起來小巧，但質地較硬，易碎。味道偏酸，也很適合夾甜麵包吃。

芝士粒

　　每次去超市都能看到這種小包裝的芝士粒，包裝精緻，適合分享。口感有點筋道，介於軟和韌之間。切達味和艾蒙達芝士味分別保有這兩款芝士原本的味道。切達味的芝士味道更鹹、更重，艾蒙達味的芝士帶有一絲甜甜的果香。從味道上看，後者更易被接受。

小聚會必備料理

西班牙海鮮飯
做法比你想的要簡單

場合 / 正餐 • 主食　　用時 / 50 分鐘

一說起西班牙，就想起海鮮飯。它發源於瓦倫西亞（西班牙東海岸的城市），衍生自當地漁民以米、魚、香料做成的燉菜（Casseroles）。到了 19 世紀末期，由於生活水平的提高，食材更加豐富，漸漸形成了現代海鮮飯的雛形。

西班牙海鮮飯的原名 Paella 的直譯就是鍋，薄薄的平底鐵鍋，金黃的米粒，每一粒米飯上都沾滿了番茄與海鮮的濃郁味道，與朋友一起分享大蝦與青口，再來一杯 Sangria 水果酒，你會感覺自己正在享受巴塞羅納的異域風情。

宴客時如果端出一份海鮮飯，那你肯定是朋友圈的焦點！

特殊廚具準備　平底鑄鐵鍋

主料——
○西班牙米 250 克　　○去骨雞腿 1 個　　○西班牙辣香腸 1 根
○紅甜椒 1 個　　○番茄 1 個　　○蝦 8 隻　　○青口 10 隻
○魷魚 100 克　　○青豆 40 克　　○檸檬 1 個

調味料——
○橄欖油 3 湯匙　　○洋蔥 1/2 個　　○蒜 2 瓣　　○藏紅花 1 撮
○白葡萄酒 60 毫升　　○雞高湯 650 毫升

做法

① 番茄切丁；香腸去皮，切2厘米厚片；蒜、洋蔥切碎；
紅甜椒切1立方厘米的塊。

② 大蝦去蝦線，青口洗乾淨，魷
魚切圈，冷藏待用。

③ 將雞大腿的骨頭和腿肉部分分
離，然後切塊。

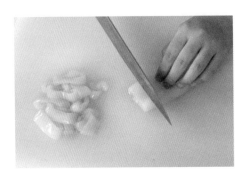

④ 鍋中倒入橄欖油，煎雞腿、香
腸、魷魚圈，上色後拿出吸油。

⑤ 鍋中放洋蔥炒香，然後加紅甜
椒、蒜粒。

⑥ 倒入白葡萄酒提味，酒蒸發後加雞高湯。再放入番茄碎、藏紅花、鹽、黑胡椒，煮至微沸，然後把雞腿、香腸、魷魚圈放回去，小火煮 5 分鐘。

⑦ 加入西班牙米，蓋上蓋子燜 10 分鐘。

⑧ 米開始變軟時，放青口、蝦、青豆，蓋上鍋蓋燜至青口開口、蝦變色，然後關火燜 5 分鐘（此步驟是為了讓鍋底產生鍋巴）。

美味秘訣

① 像主廚一樣處理番茄

　　西餐中，為了追求番茄最好的口感，大多需要做去皮和去籽（去籽的同時也能保證湯汁的量不受影響）的處理。在番茄頭部以十字刀將皮切淺口，在沸水中過 10 秒，再放入冰水中，就能輕鬆剝落外皮且不會讓番茄過熟。去皮後的番茄切瓣去籽，最後切丁。

③ 海鮮飯的鍋具的選擇

　　海鮮飯的西班牙語「Pealla」，在當地語言中是「鍋」的意思，也就是專門製作海鮮飯的鍋具。海鮮鍋具有平底、雙耳的特點，這是為了最大程度地讓米熟得快且均勻。我們可以在網上購買這種鍋具，或是使用平底且較厚的鑄鐵鍋。

④ 西式米的區分

　　海鮮飯用的米是西班牙的邦巴米（Bomba），是一種短圓的稻米，具有很強的吸水性，能與海鮮飯的湯汁完美融合，口感飽滿而筋道。因為邦巴米在海鮮飯中的地位舉足輕重，因此很多人將這道菜視為一道純粹的「米料理」。

　　需要和邦巴米區分的是製作意大利燴飯（Risotto）的米，最常見的是阿爾博裏奧米（Arborio），烹飪後具有忌廉般的、偏生的口感。

衍 生 食 譜

米飯料理

① 剩飯的華麗變身

醬油炒飯

食材

○ 剩米飯 2 碗
○ 油 2 湯匙
○ 豌豆 50 克
○ 雞蛋 1 個（打蛋液）
○ 生抽 15 毫升
○ 小蔥 1 根（切蔥花）

做法

① 將雞蛋打散，和米飯拌勻；豌豆焯水瀝乾。
② 鍋中放油，燒熱後放米飯，炒至上色，然後放生抽、豌豆翻炒，最後加蔥花。

雞肉菠蘿焗飯

食材

○ 隔夜飯 2 碗
○ 雞胸肉 1 塊（切丁）
○ 菠蘿 200 克（切丁）
○ 煙肉 2 片（切塊）
○ 油 1 湯匙
○ 鹽 2 克
○ 馬蘇里拉芝士碎 40 克

做法

① 將煙肉煎至上色，取出控油，然後將雞胸肉丁煎至上色。
② 鍋中放油，重新翻炒米飯、菠蘿、雞肉、煙肉，加鹽調味，然後放在焗碗中，撒上馬蘇里拉芝士碎。
③ 焗爐設置 180℃焗 25 分鐘。

意大利燴飯

食材

○ 意大利調味米 100 克
○ 雞高湯 200 毫升
○ 蘆筍 2 根
○ 大蝦 2 隻
○ 蘑菇 1 個
○ 洋蔥 1/4 個（切碎）
○ 橄欖油 3 湯匙
○ 白葡萄酒 1 湯匙
○ 蒜 1 瓣（切末）
○ 帕馬森芝士碎 50 克
○ 鹽、黑胡椒適量

做法

① 取蘆筍最靠前的一段備用，將剩下的根部切碎。取一半蘑菇切成 3 片，剩下的一半切碎。洋蔥和蒜切碎。大蝦去殼、去蝦線待用。

② 將蝦肉、蘆筍、蘑菇片用少量橄欖油煎熟，撒鹽、黑胡椒，並保溫。高湯加熱後待用。

③ 鍋中放油，炒香洋蔥碎和蒜碎，放入調味米翻炒 2 分鐘，放入蘆筍碎、蘑菇碎，翻炒均勻，倒入白葡萄酒，翻炒 1 分鐘。

④ 在鍋中倒入 3 匙高湯，轉小火，保持翻炒，直至高湯被米吸收。每次加入 3 匙高湯直到吸收後再加新的高湯，直到米不再夾生，大約需要 20 分鐘。最後放入煎熟的蝦、蘆筍段、蘑菇片，放鹽、黑胡椒調味，出鍋後撒上帕馬森芝士碎。

中式馬鈴薯臘腸燜飯

食材

○ 大米 150 克
○ 臘腸 1 根（切片）
○ 混合蔬菜 200 克
○ 馬鈴薯 1 個（切丁）
○ 油 1 湯匙
○ 生抽 2 湯匙
○ 鹽 3 克

做法

① 準備紅蘿蔔塊、粟米粒、青豆、豆角碎（或是將混合凍蔬菜解凍瀝乾水）。
② 鍋中放油，炒香臘腸，再炒蔬菜、馬鈴薯塊，至馬鈴薯稍上色後放大米、生抽炒勻。
③ 倒入清水，水量約和米飯蔬菜平齊，蓋上鍋蓋燜 15~20 分鐘即可。

食材

○ 金槍魚罐頭 1 罐
○ 蛋黃醬 3 湯匙
○ 熟米飯 2 碗
○ 即食紫菜 4 片
○ 黑、白芝麻適量
○ 肉鬆 20 克
○ 鹽 2 克

做法

① 將金槍魚肉取出,用叉子碾碎,混合美乃滋醬。
② 將米飯和芝麻、肉鬆、即食紫菜碎、鹽混合,在手上攤開一個小糰,捲入金槍魚,閉合成小糰。
③ 手上稍蘸水,將飯糰捏緊,用手指塑成三角形,完成後放一片即食紫菜。

日式飯糰

日式壽喜鍋

咕嘟咕嘟的幸福感

場合 / 正餐 • 主食　　用時 / 3 小時 + 30 分鐘

　　壽喜燒（すき焼き）又稱鋤燒（鋤燒），顧名思義，最開始指的是以鋤頭的金屬頭焗肉的一種吃法。現在說到壽喜燒，指的大多是日式火鍋的一種，有「關東」、「關西」之分。關東的壽喜燒有點像火鍋或者關東煮，是一大鍋食材在湯中煮熟；關西的吃法被認為更接近壽喜燒的原型，做法是用牛油熱鍋，然後煎牛肉片，撒一層白糖，再煎大蔥、冬菇、豆腐等食材，肉變色後再加料汁，煎一塊吃一塊，有點像鐵板燒。

　　本書這道壽喜鍋是關東做法，外形更美觀，準備起來也更從容。不過壽喜燒的關西與關東之分並不會水火不容，現在已有很多新派壽喜燒模糊了關西與關東的界限，甚至還有加番茄、羅勒等材料的西式壽喜燒。

特殊廚具準備　　深鑄鐵湯鍋

高湯——
○昆布 3 小片　　○木魚花 70 克　　○水 2 升

主料——
○和牛肉 400 克　　○大蔥 2 根　　○冬菇 6 個　　○茼蒿一把
○豆腐 200 克　　○金針菇一小把　　○娃娃菜 200 克
○可生食雞蛋 4 個

調味料——
○醬油 125 毫升　　○味醂 125 毫升　　○清酒 125 毫升
○高湯 375 毫升

做法

① 製作日式高湯（具體製作方法見第295頁）。

② 將大蔥斜切，冬菇切花刀，豆腐切片，茼蒿、金針菇洗淨瀝乾。

③ 混合醬油、味醂、清酒、高湯（1：1：1：3，隨鍋大小變化），作為料汁。

④ 在鍋底鋪上娃娃菜，擺上所有食材。

⑤ 倒入料汁直到快要沒過食材（但不能完全沒過），蓋上鍋蓋加熱，煮開後轉小火。

⑥ 將生雞蛋打散，作為蘸料。

美味秘訣

肉要蘸着雞蛋吃

　　剛出鍋的食材在生雞蛋中蘸一下，可以形成一層保護膜，鎖住食物內部的鮮味和水分，讓肉更加好吃。但一定注意只能用可生食雞蛋做蘸料。

補充知識

家常高湯做法

在很多食譜中，我們都會用到高湯。高湯是全世界廚師的做菜秘訣，有了高湯，菜餚就可以在最短的時間內獲得更豐富的滋味。

中式高湯（或稱上湯）的做法有很多，按照食材的不同可分為肉高湯和素高湯；按照工藝複雜程度的不同可分成毛湯、白湯及清湯，越往後要求的技法越高。

比較講究的中餐廳裏的高湯，有時候會用老母雞、老鴨、豬棒骨和甲魚熬，有「無雞不鮮、無鴨不香、無骨不濃」的説法。而家常高湯所用的都是基礎食材，工序也不複雜，成本不算高。如果喜歡在家烹飪，又想讓菜餚更美味，自製高湯是一個不錯的選擇。

高湯一次製作完成後，可以多次取用，如用於煮麵、煮粥、煲湯、燉菜等，冷凍保存能放很久。本文要做的湯，是在家就能做的、簡易的中式肉高湯、素高湯和日式高湯，所用食材也容易購買。

食材

豬棒骨 1 根、豬蹄 1 個、雞腳 6~8 個、小葱 3 根、薑 2 片、
白胡椒 6~8 粒、料酒或黃酒 1 湯匙（其他可用食材：豬肘、
豬皮、雞架、雞翼尖）

做法

① 將買來的肉類切塊，然後用冷水泡 1 小時去血水。
② 將所有肉類冷水下鍋燒開，水要沒過食材，沸騰後持續
　撇清浮沫。為了讓味道更濃郁、湯的顏色更白，可選擇
　冷水直接下鍋熬湯。也可以先將肉類焯水洗淨後再熬煮
　來去腥。

（左側豎排）家常肉高湯

③ 撇淨浮沫後，放葱結、薑片、白胡椒粒、料酒。保持微
　沸煮 2.5~3 小時，鍋蓋留縫蓋上。煮好後湯成奶白色，
　如果還有浮沫，可將水再次燒開後撇淨。
④ 準備好碗和用於過濾的篩子、紗布，用湯匙盛出高湯，
　剩餘棒骨肉可以做炒食的拆骨肉，豬蹄可以紅燒，雞腳
　基本會溶於湯裏，不可再用。
⑤ 放涼後除去表面油脂，裝入冰格或冰袋中，冷凍保存。

家常素高湯

食材

海帶 1 張（A4 紙大小）、冬菇數個、紅蘿蔔 1 根、薑 2 片、粟米 1 根、娃娃菜 4 片（其他可用食材：豆芽、芹菜莖、洋蔥、白蘿蔔）

做法

① 海帶、冬菇泡水 20 分鐘左右。將紅蘿蔔、粟米切塊（紅蘿蔔、粟米會改變甜味，不宜放太多）。

② 將所有食材放入鍋中，加清水沒過。煮的時候可隨時翻動，防止食材受熱不均。

③ 水燒開後撇去少量浮沫，然後轉小火煮 1.5 小時左右。

④ 用匙子將高湯通過過濾網濾出，曬涼後保存在冰格或冰袋中。冰袋的開口比較小，倒的時候建議使用漏斗或小開口容器。凍好取用時可以一塊塊擠出來。

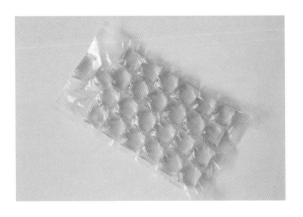

家常日式高湯

食材

手掌大小的昆布 2~3 塊，木魚花約 70 克，水 2 升。

做法

① 昆布提前在冷水中浸泡 3 小時，然後將水燒開，關火，取出昆布丟棄。

② 在湯中加入木魚花，靜置約 20 分鐘，過濾，就得到了簡易的日式高湯。

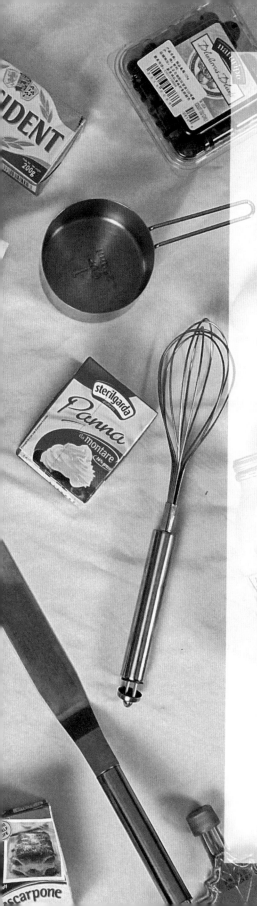

第五章

//

新手做甜品，
也能 100% 成功

//

　　不用羨慕別人，那些精緻的小甜點你也可以做。

　　哪怕是世界級的大師，職業生涯初期也總會出現各種問題。將甜點解構成不同的原件，每一步都認真按照做法和技巧說明去做，就鮮有不成功的道理。想做出造型誘人的甜點，無非是在耐心和細心的基礎上加一點創造力。

　　本章將介紹 6 道甜點：藍莓果醬、英式鬆餅、抹茶雪糕、法式甜奶醬朱古力慕斯、椰子黑莓生蛋糕和意式百香果奶凍。其中，英式鬆餅也叫英式快速麵包，最早出現在蘇格蘭地區，已經有逾 500 年的歷史；意式奶凍也早在 20 世紀初就風靡一時，後來在原配方的基礎之上又演變出了多種口味和造型。

　　如果只把甜點等同於甜的零食，那可大錯特錯。甜點是一種生活態度，偶爾吃上一口是給自己的犒勞，自己動手去做，更是一種獨特的體驗。從簡單的麵粉、糖、雞蛋、忌廉，到層疊着的、濃厚香甜的甜點，每一步混拌和打發都像在施展魔法。

　　這一章的 6 個食譜，從易到難，由淺入深，供你琢磨。

沒有焗爐同樣能玩轉甜品

藍莓果醬
搭麵包、吐司必備抹醬

場合 / 甜點 • 零食　　用時 / 20分鐘

春天的草莓，夏天的桃子，秋天的葡萄，冬天的柚子，都是正當季的最好吃。但我們常常也想將水果做成果醬，留住季節的味道。

自製果醬相當簡單，只需要水果、白糖、檸檬汁 3 種材料，不需要任何添加劑，糖量也可以自己控制，非常健康。

為了延長自製果醬的保存期限，你可以這麼做：1. 將果醬瓶、蓋子、分裝用的匙子等都清洗乾淨後，泡在開水中消毒，可以大大減小變質的可能；2. 每次取用時都用乾淨的匙子，不把其他食物帶入瓶子裏；3. 如果做了很多果醬，儘量裝在多個小容器裏，吃完一瓶再開一瓶；4. 如果短期內不吃果醬，可以冷凍保存，需要時再放入冷藏室慢慢解凍。

特殊廚具準備　炒鍋、密封罐

主料——
○藍莓 300 克　　○檸檬 1 個　　○白砂糖 100 克

可搭配食材——
○芝士或乳酪　　○吐司麵包或法國麵包

做法

① 小玻璃罐沸水消毒，洗淨曬乾待用。

② 將藍莓洗淨、瀝乾，去梗，挑出壞果；將檸檬擠出檸檬汁（檸檬汁能幫助釋放果膠）。

③ 把藍莓和白砂糖放入鍋中，溫火加熱，用木鏟按壓藍莓（可用壓馬鈴薯泥器壓），以便更快分解。

④ 持續攪拌並用小火加熱，待出水且果肉變軟後加檸檬汁，持續攪拌（用時 15~20 分鐘）。

⑤ 果醬煮黏稠後，測試黏稠度（劃痕測試），在盤子上滴一滴果醬，垂直舉起，達到緩慢流動的稠度即可。

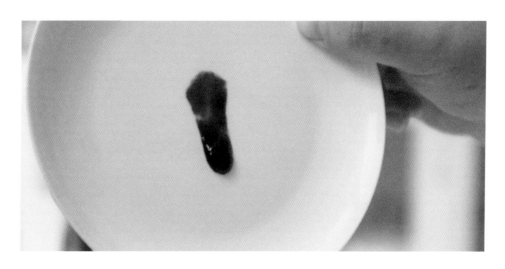

⑥　裝入玻璃瓶。

美味秘訣

① **果醬的取用與保存**

　　每次取用果醬時，都要用乾淨的匙子。果醬密封在罐子裏，可以保存一個月左右。果醬一般可以搭配吐司麵包或法國麵包，為了中和甜味，還可以塗抹一層乳酪或芝士。

② **適合做果醬的水果**

　　水果和砂糖的比例為 1:3 或 1:5，製作果醬時，要根據選擇水果所含的實際糖分，來選擇砂糖的比例。

　　不能熬醬的水果：西瓜、香蕉。

　　可以做醬的水果：蘋果、樹莓、藍莓、草莓、橘子、桃子、杧果、奇異果。

衍生食譜

3 種超市罕見的果醬

百香果果醬

食材

○ 百香果 300 克
○ 白砂糖 100 克

做法

① 將百香果清洗乾淨，對半切開，挖出果肉放入容器中。
② 倒入白砂糖，攪拌均勻。
③ 將食材倒入鍋中，大火燒開後小火熬煮，期間不斷攪拌至黏稠，熬煮 20 分鐘左右。
④ 趁熱倒入小玻璃罐中，待放至常溫後放入雪櫃冷藏即可。

櫻桃果醬

食材

○ 櫻桃 300 克
○ 白砂糖 50 克
○ 冰糖 50 克
○ 檸檬汁 30 毫升

做法

① 將櫻桃清洗乾淨，去核留肉。
② 將白砂糖和櫻桃拌在一起，攪拌均勻醃製 1 小時以上。
③ 將醃製好的櫻桃倒入鍋中，加入冰糖和檸檬汁，大火燒開轉小火慢煮，不斷攪拌，約 20 分鐘至濃稠。
④ 趁熱倒入小玻璃瓶中，待放至常溫後放入雪櫃冷藏即可。

桃子果醬

食材

○ 水蜜桃 500 克
○ 白砂糖 200 克
○ 檸檬汁 30 毫升

做法

① 將水蜜桃洗淨，剝皮去核切小塊。
② 混合水蜜桃塊、白砂糖和檸檬汁，攪拌均勻，蓋上保鮮紙冷藏一晚。
③ 將醃製好的水蜜桃倒入鍋中，大火燒開後轉小火，撇去浮沫，不斷攪拌，煮約 20 分鐘至濃稠。
④ 趁熱倒入小玻璃瓶中，待放至常溫後放入雪櫃冷藏即可。

抹茶雪糕
完爆市售雪糕的製作秘方

場合 / 甜點 · 零食　　用時 / 20 分鐘 + 6 小時

雪糕的製作方法有很多種，大部分都需要在最後一步用到雪糕機，可以一邊攪拌一邊將液體降溫，這樣才能形成均勻而又充滿空氣感的雪糕。如果沒有雪糕機，可以每隔半小時從冷凍室中拿出來手動攪拌一次，但依然會產生細小的冰渣，影響口感。

這裏介紹的這個配方，不需要開火煮，也不需要攪拌，因為通過打發忌廉和蛋黃就已經讓液體內部充滿了均勻的空氣，而且這樣能使原料中的水分含量較少，可以防止形成冰渣，對於新手來說是非常值得一試的雪糕配方。

特殊廚具準備 耐低溫長方形容器（金屬或玻璃）、電動打蛋器

主料——
○新鮮蛋黃 3 個　○細砂糖 80 克　○淡忌廉 250 毫升
○抹茶粉 20 克

做法

① 將 3 個蛋黃放入乾淨的打蛋盆中，加入 80 克細砂糖用電動打蛋器高速攪打至濃稠，提起打蛋器蛋液呈緞帶狀緩慢下落即可。

② 將 250 克淡忌廉加 20 克抹茶粉低速打到六至七分發的狀態。

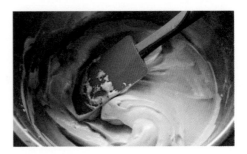

③ 把抹茶忌廉分幾次加入到蛋黃糊中，用刮刀攪拌均勻，盛入長方形容器中，以便挖球，蓋上保鮮紙放入雪櫃冷凍 6 小時以上，期間無須取出攪拌。

④ 將冷凍好的抹茶雪糕用沾過熱水的挖球器挖球即可。

美味秘訣

① 忌廉的打發

　　忌廉的打發比較基礎，一般超市售賣的淡忌廉都能打發，打發的條件是忌廉剛從雪櫃的冷藏室裏拿出來。打發忌廉時建議用手動打蛋器，因為忌廉打發速度快，且易打發過頭，需要時常檢查一下打發狀態。

② 蛋黃的打發

　　和淡忌廉不同，蛋黃需要打蛋器快速轉動帶動打發，因此推薦電動打蛋器。另外要注意一點，砂糖放入蛋黃後要儘快混合，如果還沒準備好，蛋黃和砂糖要分開放。這是因為糖具有吸水性，容易將蛋黃中的水分吸走，導致蛋黃結塊。

意式百香果奶凍

只需 5 種食材，打造果香甜食

場合 / 甜點 • 零食　　用時 / 30 分鐘 + 4 小時

　　意式奶凍原名 Panna Cotta，在意大利語中意為「煮熟的忌廉」，是一種意大利忌廉甜點，在原味的基礎上也會加入咖啡、朗姆酒、香草等調味。傳統的意式奶凍在材料上非常簡單，只有忌廉、魚膠片、糖。一般使用魚膠片將甜忌廉在模具中凝固，然後脫模倒出，再淋上果醬或朱古力食用。

　　意式奶凍的魚膠片的用量非常關鍵，用少了凝固力不夠，脫模過程中就會碎掉；用多了口感太硬像果凍，就沒有入口即化的柔和感。

　　這裏介紹的意式奶凍做了些改良，不僅用料更豐富，而且不需要脫模，直接在杯子裏就可以食用，難度大大降低，新手也可以放心嘗試。

特殊廚具準備　煮鍋或奶鍋、小玻璃罐

主料——
○魚膠片 5 克　○淡忌廉 80 毫升　○白砂糖 15 克
○芝士 180 克　○百香果 1 個　○溫水 80 毫升

做法

① 將魚膠片剪成小片用冰水泡軟，控乾水分後加入 80 毫升溫水攪拌至魚膠片溶化。將淡忌廉和砂糖倒入奶鍋中用小火加熱攪拌，煮至邊緣冒小泡、糖溶化時離火。加入魚膠片液攪拌均勻，冷卻 10 分鐘。

② 把 120 克芝士和半個百香果汁（去籽）倒入碗裏混合均勻。加入忌廉混合液，攪拌均勻即得到奶凍液。

③ 把奶凍液倒入容器中，放入雪櫃冷藏 4 小時以上或過夜。

④ 將剩餘的芝士淋入冷藏好的奶凍杯中，再淋上另外半個百香果汁即可。

美味秘訣

魚膠片的使用

　　魚膠片又稱吉利丁，在所有需要定型的甜點（如慕斯、布甸、提拉米蘇）中都起着穩固甜點的作用。魚膠片使用之前，需要在冷水中泡軟（放熱水中會導致其直接溶化），然後再放到液體糊中進一步製作。泡的時間不能太久，否則也會溶化或凝結。使用前需將多餘的水分瀝乾。

來一場英式、法式下午茶

英式鬆餅
經典茶點的改良方案

場合 / 甜點 • 零食　用時 / 40 分鐘

鬆餅（Scone）源於蘇格蘭地區，是以燕麥或小麥製成的點心，起初以煎鍋烘製而成。因外形和當地人以蘇格蘭國王加冕時用的加冕石（或稱斯昆石，Stone of Scone）相似，由此命名。後來由於泡打粉的普及，鬆餅的口感變得更加輕盈，介於蛋糕和麵包之間。

鬆餅是傳統英式下午茶中必不可少的部分，由於自身口味較為清淡，一般的吃法是切開後塗上果醬或忌廉一起食用。雖然聽上去很高大上，但是鬆餅製作起來特別地簡單，不需要學習判斷麵糰的狀態，甚至牛油都不用提前拿出來軟化，是製作起來非常輕鬆的茶點。

特殊廚具準備 焗爐、圓形切模、擀麵杖、麵粉篩、小刷子、矽膠墊

主料——
○中筋麵粉 200 克　○泡打粉 10 克　○白砂糖 30 克
○牛油 50 克　○雞蛋 40 克　○牛奶 50 毫升
○蔓越莓乾 40 克　○朗姆酒 40 克　○鹽 1 克

① 將蔓越莓放入碗中，倒入朗姆酒浸泡 10 分鐘。過篩麵
粉、泡打粉。另取一個碗，混合雞蛋、白砂糖、牛奶。

② 將牛油搓進麵粉，成粗粒狀。

④ 將蔓越莓乾控乾，然後倒入麵糊中混合。

③ 倒入蛋奶液揉勻。

⑤ 將麵糊在案板上擀平，約 2 厘米厚，然後切圓，直徑約 4~5 厘米。

⑥ 在表面刷一些蛋液。焗爐預熱至 180℃，焗 10~15 分鐘即可。

美味秘訣

① 在鬆餅表面刷蛋液

　　焗製前在麵糰表面刷蛋液，可以讓鬆餅成品的外表更金黃，更油亮好看。如果焗前沒有多餘的蛋液，可以將泡蔓越莓乾的朗姆酒和 40 克白砂糖混合加熱，熬成糖漿，刷在焗好的鬆餅上。

② 過篩的作用

　　做烘焙食品的時候，粉類食材都有「過篩」這一步驟。除了讓結塊的麵粉更加細膩、成品口感更好，過篩也能防止雜質進入麵糰。這是看似煩瑣但卻很重要的步驟。

法式甜奶醬朱古力慕斯
把法式餐廳甜點搬上自家餐桌

場合 / 甜點 ● 零食　　用時 / 30 分鐘 ＋ 6 小時

新手做甜點的時候，新手經常會受到各種各樣的打擊。做曲奇？別人擠出來是花紋，你擠出來卻像一團泥巴。做戚風蛋糕？進焗爐前好好的，拿出來卻塌得一塌糊塗，都不知道錯在哪兒。做焦糖布甸？熬焦糖的過程就會使一波人放棄，可能順帶還毀個鍋。

但慕斯就不一樣，成功率很高，只要照着做幾乎不會出錯。而且慕斯顏值高，不管是朱古力的、草莓的，還是抹茶的，都自帶柔和的馬卡龍色。並且就算表面不好看也沒關係，撒上可可粉，堆一些水果，甚至放幾朵櫻花，瞬間就變成了「佳作」。

特殊廚具準備　電動打蛋器、煮鍋、6 寸慕斯圈或蛋糕模、矽膠刮刀

主料——
○奧利奧餅乾 100 克　○牛油 45 克　○白砂糖 24 克
○ 64% 黑朱古力 80 克　○水 20 毫升　○蛋黃 2 個
○淡忌廉 260 毫升　○魚膠粉 5 克　○可可粉適量

做法

① 去芯餅乾打成粉,與熔化的牛油混合,放模具中壓實冷藏。忌廉160
毫升打至六分發,冷藏。

② 製作蛋黃糊。魚膠粉泡軟控乾,
用微波爐加熱至溶化。蛋黃打
散。將砂糖和水煮沸,倒入裝
有蛋黃的碗中,並同時快速攪
拌,然後隔水加熱攪至濃稠,
再高速打至泛白、能附着於打
蛋器,加魚膠粉液。

③ 朱古力切碎隔熱溶化,保持在
45℃左右,加入60毫升(約
1/3份)冷藏忌廉拌勻,拌入蛋
黃糊,再加剩餘的100毫升冷
藏忌廉混至順滑,即得到深色
慕斯糊。

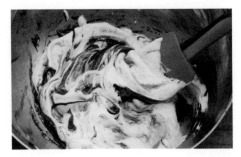

④　將 100 毫升忌廉打至六分發，加入 1/3 的慕斯糊混勻，做成淺色慕斯糊。深色部分先倒入模具中，冷凍 15 分鐘，再倒淺色部分冷藏 6 小時或過夜。取出後用熱毛巾或吹風機協助脫模，用可可粉點綴。

讓朱古力化身美味甜點

　　溶化朱古力時，要注意不能加水，否則會使朱古力凝固成塊。溶化的溫度也要控制在一定範圍內，可以在隔水加熱時離火攪拌以控制溫度，用來提供熱度的水要保持微沸的狀態。另外，我們在食譜上看到的朱古力百分比指的是可可含量，數值越大口味越苦，根據配方不同要注意調整。做烘焙時，建議購買專用的朱古力幣，如果不常用，每次購買 100~200 克即可。

椰子黑莓生蛋糕

形似蛋糕，勝似蛋糕

場合 / 甜點 • 零食　　用時 / 30 分鐘＋ 4 小時

　　生蛋糕是最近流行的概念，也就是不需要烘焗的蛋糕。由於無需雞蛋，所以在國外也帶着「素食」的標籤。生蛋糕外形和我們常見的蛋糕一樣，有好看的分層，但都是通過冷藏製作的。不用送進焗爐，所以無須掌握食物的製作溫度與時間，只須讓雪櫃完成定型的工作。是一種看着複雜，實際做起來成功率非常高的甜品。

特殊廚具準備　攪拌機或料理機、耐低溫長方形容器、矽膠刮刀

底層——
○杏仁 240 克　　○椰蓉 25 克　　○椰子油 45 毫升

中層——
○椰漿 150 毫升　　○馬斯卡彭芝士 30 克
○檸檬汁 15 毫升　　○蜂蜜 45 毫升

上層——
○黑莓 120 克　　○椰漿 150 毫升　　○蜂蜜 45 毫升

做法

① 將底層所用的杏仁和椰蓉放入料理機攪打混合，倒入溶化的椰子油攪拌均勻，然後放入鋪好油紙的長形容器中壓實、壓平，放入雪櫃冷凍待用。

② 將中層所用食材混合均勻，馬斯卡彭芝士攪拌至細膩無顆粒狀，倒在冷凍好的底層上方，繼續放入雪櫃冷凍至完全變硬。

③ 將上層所用的黑莓取 60 克與椰漿和蜂蜜一起放入料理機攪打均勻，倒在冷凍好的椰漿芝士層上方，並把剩餘的 60 克黑莓點綴在上面，繼續冷凍至完全變硬。

④　將冷凍好的黑莓生蛋糕取出切塊即可。

烘焙中用到的椰子製品

　　椰子製品是應用非常廣泛的烘焙材料，最好用的當屬椰子脆片和椰蓉，既能直接當成成品的裝飾，也能混合在餅乾層中使口感更豐富。另外幾種常見的材料要數椰奶、椰漿和椰子油。椰奶是壓榨後的椰肉、椰子汁混合其他添加劑製成，可以直接用於調味雪糕、奶凍等「輕量級」甜點。椰漿是濃縮版的椰奶，質地更偏向忌廉，脂肪含量高，適合打發。椰子油是從椰肉中提取的，是最健康的食用油之一。

附加篇 ————————————————————————

升級為廚房高手的 20 個秘訣

01　輕鬆給雞腿去骨

　　雞腿肉比雞胸肉香，且加熱後不易變柴。將市售雞腿肉拿回家自己處理，雖然稍費功夫，但菜餚口味絕對會上升一個層次。

　　去骨時先從腿骨部分剖開，用刀把連接着的筋絡切斷，然後從中間拎起骨頭，再去除兩邊，最後找到斷骨，一併剔除。

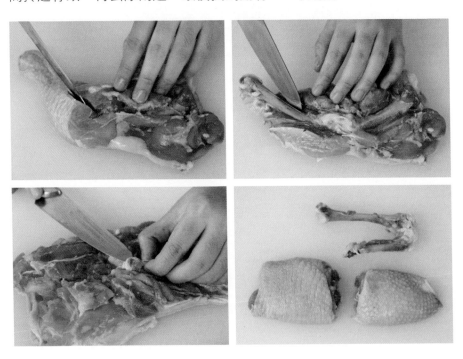

02　「切成適口大小」是最基礎的切菜守則

　　當不知道切丁、切塊到底要多大時，可以參考一下食材入口的大小。切成適口大小不僅利於均勻烹飪，還有助於增強美觀性，更重要的是吃起來也方便。如果是做沙律的葉菜，撕成小塊拌着吃，風味和口感也會不一樣。

03　網購食材

　　上班族想為自己烹飪，但日常購買食材不太方便。這時可選擇通過網購平台購買食材，或在超級市場選購經處理好的食材，方便且新鮮。

04　要讓湯更清澈，燉肉得「撇浮沫」

　　煮肉湯時會出現浮沫，是肉中的血水和雜質造成的。浮沫清理起來很簡單。建議在網上或是大型超市購買一個撇浮沫專用的網匙（如下圖），這種網匙可以將雜質留在上層，將清澈的湯汁滲回鍋中。撇浮沫的要領是用匙在湯的表面輕輕地一邊移動一邊撇起，可以等食物加熱到一定程度，浮沫聚集的時候再操作。

05　勤於探索當地菜市場

　　閒暇時間逛逛當地菜市場，可以最快地瞭解應季食材。通過發現自己不常見的食物以及和攤主的溝通，能學習不少烹飪的技巧和菜餚的做法。

06　用冷水來加速解凍

　　冷凍食物吃之前，不要着急拆包裝去泡熱水。可以帶着包裝放到冷水中浸泡解凍，解凍速度較快。

07 處理魷魚，切出魷魚圈

在食譜「海鮮飯」中，我們放了魷魚圈作為點綴。魷魚是很美味又易煎炒的食材，可以買回家自己處理。

捏住魷魚的觸手往外拔，將觸手與腦袋分開，一併去除內臟。然後切去一個類似圓盤的硬物，再將眼睛和墨囊去掉。接下來去除半透明內骨骼，最後撕掉最外層的皮。清洗乾淨，就可以切圈了。

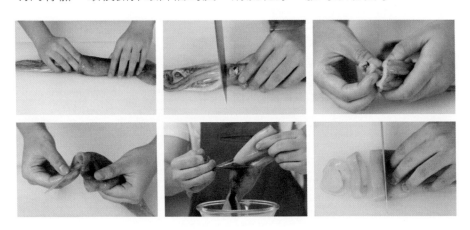

08 不要忽視「爆香」的作用

中國菜爆香的常見料是葱、薑、蒜，以及乾辣椒，其實國外料理也會「爆香」，常用洋葱碎和蒜粒。「爆香」是食物調味的第一道關卡，用於「爆香」的食材的芳香會浸入到整道菜餚中。

09 葱花也可常備

爆香用的葱、薑、蒜裏面，葱最不好保存，放久了就不新鮮。其實可以先把葱花備好：買來小葱一次性切完，用廚房紙吸去水分，然後放保鮮袋裏密封冷凍，用前在桌角敲散，取出想要的量即可。

10 自製一些簡單醃菜

　　用醬醃也好，用醋醃也罷，家裏吃不掉剩下的小蔬菜，可以用這種方式保存並食用。醃製好的小菜既能避免浪費，也能成為餐桌上或是便當裏受歡迎的小菜。

11 牛油是油，也是調味料

　　牛油是西餐大廚的秘密武器。除了發揮「油」的作用，牛油的特殊香氣能讓很多料理變得更加可口。煎牛肉、煎蔬菜、做濃湯、做忌廉意大利粉的時候都可以放一點點牛油增香。

12 焗爐再小，也要用起來

　　如沒有烘焙的愛好，一個30升的家用小焗爐就足以做出很多「大菜」。焗爐其實為烹飪節省很多麻煩，不僅可焗肉，豆腐片、饅頭片、各種蔬菜也都可以焗製。多摸索幾次，就會發現意想不到的美味。

13 在家處理整條魚

　　在家處理整條魚並不需要高超的技巧，只是可能會把廚房弄髒。無論如何，知道了魚的處理方式，也算是增強了對食材的瞭解。

　　先刮魚鱗，去掉魚鰭，將魚鰓剪掉，然後沿着肚子中線剖開，取出內臟，沖洗乾淨。

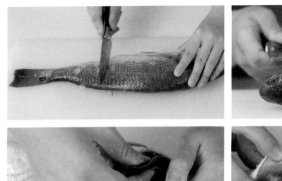

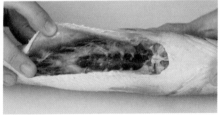

14 讓磨刀成為一種習慣

　　如果你去問一個肉販的刀多少錢，對方可能會笑着說也就十幾二十幾塊錢。之所以用起來那麼鋒利，是因為他們每天都會堅持磨刀。讓磨刀成為一種習慣，你會發現下廚如虎添翼。主廚刀和切菜刀要常磨，而砍骨刀無需常磨，以避免損害其厚度。

15 焯水、煮麵，記得加鹽

　　燒了一鍋開水後，無論是為了焯青菜還是煮麵條，都記得放一匙鹽。調味作用是其次，主要是能防止麵太黏，還能讓蔬菜更加清脆。

16 劃刀口防止肉類受熱收緊

　　肉類、魚類放入熱鍋中，極可能導致局部受熱過快，因此下鍋前要做預處理。比如，在處理好的雞腿肉上切斷肉筋，或是在三文魚皮上切開口子，避免收縮。

17 用廚房紙為菌菇、蔬菜保鮮

　　買來一次吃不完的蔬菜和菌菇，都可以冷藏保鮮多存放幾天。方法是用沾濕了的廚房紙覆蓋上再冷藏，這樣可以保證蔬菜的濕度，也能讓青菜保持翠綠。

18 做煮物時記得放醋

　　日常食用醋（如陳醋、米醋）的作用有很多，煮雞蛋時在水中放一湯匙醋，可以防止雞蛋開裂；煮骨湯時加一茶匙醋還能去腥，並產生「酯化反應」，可以溶解出鈣質，讓湯更白、更有營養。

19 熱鍋熱油、熱鍋冷油和冷鍋冷油

　　熱鍋熱油適合爆炒，讓食材快熟，同時可以煎牛排、煎雞胸，讓肉的表面焦化或形成脆皮。

　　熱鍋冷油適合爆香，讓香味慢慢出來，避免一下子炸糊。適合炒富含蛋白質的食物，如肉片、雞蛋，避免溫度過高黏鍋。

　　冷鍋冷油指的是油倒入鍋裏，再共同加熱，適合需要從低溫開始慢慢加熱的食物，如炸花生米。

20 炒青菜時不要「一鍋端」

　　炒油菜等青菜時，新手總會遇到菜葉已經軟爛，但根部還沒熟的情況。除了切菜時將根莖切開、拍扁，下鍋也得有先後順序。難熟的部分先下鍋，稍軟了以後再放菜葉子，這樣就能保證出鍋時青菜的熟度均勻了。

　　洗好的蔬菜，推薦放在蔬菜甩乾器（如下圖）中脫水。

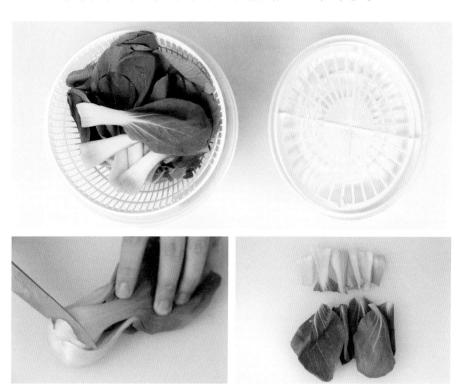

輕鬆成為
烹調高手

著者
馬達　甚麼值得吃

責任編輯
Karen Yim

封面設計
Chan Chui Yin

排版
何秋雲

出版者
萬里機構出版有限公司
香港鰂魚涌英皇道1065號東達中心1305室
電話：2564 7511
傳真：2565 5539
電郵：info@wanlibk.com
網址：http://www.wanlibk.com
　　　http://www.facebook.com/wanlibk

發行者
香港聯合書刊物流有限公司
香港新界大埔汀麗路 36 號
中華商務印刷大廈 3 字樓
電話：2150 2100
傳真：2407 3062
電郵：info@suplogistics.com.hk

承印者
中華商務彩色印刷有限公司
香港新界大埔汀麗路 36 號

出版日期
二零一九年七月第一次印刷